Österreichische Akademie der Wissenschaften
Mathematisch-naturwissenschaftliche Klasse

Anzeiger

Abteilung I

Biologische Wissenschaften und Erdwissenschaften

139. Band
Jahrgang 2008

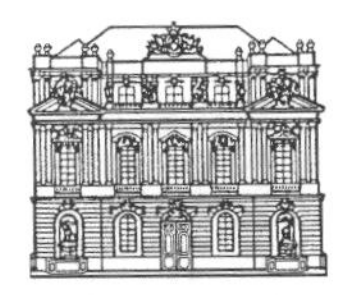

Wien 2009

Verlag der Österreichischen Akademie der Wissenschaften

Inhalt

Anzeiger Abt. I

Anzeiger Abt. I (2008) 139: 3–12

Anzeiger
Mathematisch-naturwissenschaftliche Klasse Abt. I
Biologische Wissenschaften und Erdwissenschaften

Kennen Sie das Princeton-Prinzip?*

Über „Exzellenz“ in den Naturwissenschaften

Von

Gerald Ulrich

(Vorgelegt in der Sitzung der math.-nat. Klasse am 17. Jänner 2008
durch das w. M. Helmut Moritz)

„*Es ist Spätsommer in einer Kleinstadt in New Jersey. Zwei Männer schlendern, die Hände hinter dem Rücken verschränkt, eine abgelegene Straße entlang und unterhalten sich leise.*“

So beginnt das Buch von REBECCA GOLDSTEIN „Kurt Gödel“ – in der Originalausgabe: „Incompleteness – The Proof and Paradox of Kurt Gödel“ [1].

„*Der ältere der beiden Spaziergänger, die wir auf dem Nachhauseweg vom Institut entlang der laubbedeckten Straße schlendern sehen, war niemand anderer als der berühmteste Einwohner Princetons, der gerade mal wieder über irgendetwas, das sein Nachbar scheinbar in vollem Ernst von sich gegeben hatte, leicht mokant lächelte. Der jüngere Mann, ein mathematischer Logiker, reagierte auf Einsteins Belustigung seinerseits mit einem matten, schiefen Lächeln, ohne sich jedoch davon abbringen zu lassen, die Implikationen seiner Ideen mit unbeirrbarer Präzision abzuleiten. Die Themen ihrer täglichen Gespräche reichten von der Physik und Mathematik bis zur Philosophie und Politik, und auf allen Gebieten hatte der Logiker fast immer etwas zu sagen, das Einstein durch seine Originalität oder seinen Tiefsinn, durch seine Naivität oder seine skurrile Ausgefallenheit bestach.*“

---

* Umgearbeitete und gekürzte Version eines Vortrags, gehalten anlässlich der Verleihung des Dr.-Margrit-Egnér-Preises, Zürich, 8. 11. 2007.

Die intensive geistige Verbindung zwischen GÖDEL und EINSTEIN resultierte aus Überzeugungen, denen man innerhalb der Fachkollegenschaft reserviert gegenüberstand. Beide waren von einer von uns Menschen unabhängig existierenden äußeren Wirklichkeit überzeugt, in der nicht nur die physikalischen Objekte, sondern auch die mathematischen Strukturen ihren Platz haben. Beide betrachteten ihre Disziplinen in erster Linie als Möglichkeit, sich der dem Menschen unzugänglichen transzendenten Wahrheit anzunähern. Damit stellten sie sich dem vehement antimetaphysisch und antiplatonisch wehenden Zeitgeist des **Logischen Positivismus** entgegen.

Zum großen Leidwesen von GÖDEL wurden seine Unvollständigkeits- und Unbeweisbarkeitstheoreme von den Logischen Positivisten als Beleg für deren Auffassung missverstanden, dass es kein außerhalb des Menschen liegendes Kriterium der Wahrheit gäbe, der Mensch vielmehr selbst das Maß aller Dinge sei. Dieses Diktum, in dem sich nur scheinbar eine humanistische und emanzipatorische Gesinnung bekundet, geht zurück auf die Lehre des von Platon leidenschaftlich bekämpften Sophismus. Wenn der Mensch das Maß aller Dinge ist, dann kann es Wissenschaft als Suche nach Gesetzmäßigkeiten, die vom Menschen unabhängig sind, nicht geben.

GÖDEL hat aber nicht die Begrenztheit der Erkenntnisfähigkeit unseres Geistes bewiesen. Vielmehr hat er die Grenzen all jener, auch heute noch gängigen Modelle aufgezeigt, die eine Algorithmisierbarkeit des menschlichen Geistes voraussetzen. Entsprechendes widerfuhr EINSTEIN, dessen Begriff der Relativität in Verkehrung seiner Grundüberzeugung als subjektiver Relativismus, als Beliebigkeit im Sinne von „Anything goes", missverstanden wurde.

Die Keimzelle des **Logischen Positivismus** war der sog. Wiener Kreis, eine in den 20er-Jahren entstandene Diskussionsrunde. Man teilte die Grundüberzeugung, dass eine Aussage nur dann sinnvoll ist, wenn sie sich auf Sinneseindrücke zurückführen bzw. empirisch überprüfen lässt. Die antimetaphysische Ausrichtung des „Wiener Kreises" hatte eine enorme Breitenwirkung. So sahen führende Mathematiker jener Zeit in ihrer Disziplin ein ausschließlich auf Konventionen beruhendes System von Regeln. Mathematisch wie auch logisch wahre Sätze konnten demnach nicht wahr sein an und für sich, sondern nur hinsichtlich der vom Menschen gesetzten Regeln.

Mit Blick auf die Philosophiegeschichte zeigt sich von Anfang an ein Pendelausschlag zwischen den Polen des **Empirismus** und des **Rationalismus**. Für den Empiristen ist einzig legitime Erkenntnisquelle das sinnlich erfahrbare Datum, d. h. Beobachtung und

Experiment. Alle nicht empirisch begründbaren Aussagen – alles, was sich nicht in Algorithmen darstellen lässt – gilt als „sinnlos" bzw. „metaphysisch". Dem Rationalisten gelten demgegenüber die von uns erfahrbaren Phänomene allenfalls in ihren Konstituenten als algorithmisierbar. Daraus folgt, dass ein Wissen schaffendes Handeln metaphysischer Setzungen bedarf.

Einem verabsolutierten Empirismus ist ein Selbstwiderspruch vorzuhalten. Dieser wird sichtbar, wenn er seine Forderung nach empirischer Begründbarkeit auch auf sich selbst bezieht. Ebenso unhaltbar ist der verabsolutierte Rationalismus, da er ohne Empirie weder begründbar noch widerlegbar ist.

Gewinnung und Interpretation von Messwerten bedürfen eines sinnstiftenden rationalen Rahmens, d. h. einer Theorie. Wer wollte bestreiten, dass sich die theoretische Physik – Voraussetzung aller bedeutsamen technologischen Innovationen – niemals rein empirisch hätte entwickeln lassen. Der Theoretische Physiker muss voraussetzen, dass es Strukturen hinter den Phänomenen der uns unmittelbar gegebenen Welt gibt. Daraus folgt für ihn, dass der Mensch nicht im Zentrum des Seins stehen und so auch nicht das Maß aller Dinge sein kann. Dessen ungeachtet hat der reine, theorieabstinente Empirismus mehr denn je Hochkonjunktur. Noch vor einer Dekade hätte die aktuelle Exzellenzrhetorik – Selbstbeweihräucherungsgehabe ohne jeden Bezug zur Realität – als Verstoß gegen den akademischen Komment gegolten. Undenkbar peinlich wäre gewesen, was Wissenschaftler heute beispielsweise auf der Homepage des Berliner „Bernstein Center for Computational Neuroscience" der breiten Öffentlichkeit anbieten:

„*Recent advances in human neuroimaging have shown that it is possible to accurately decode a person's conscious experience*" [2].

Die Behauptung, dass man mit bildgebenden Verfahren Gedanken lesen könne, ist eine mit Irreführung gleichzusetzende grobe Vereinfachung. Es bedarf keines großen gedanklichen Aufwands, um einzusehen, dass unser Verstehen und Mitteilen von Gedanken Voraussetzung ist für die naturwissenschaftliche Untersuchung des menschlichen Geistes und nicht umgekehrt. Unsere Gedanken orientieren uns über die Welt wie auch über vorgängige eigene oder fremde Gedanken.

Erkenntnisse gewinnt die Wissenschaft nicht aus dem Sammeln von Daten, wie es einem antimetaphysischen Empirismus gemäß ist. Vielmehr müssen wir uns überlegen, welche Art von Daten für die Problemstellung wesentlich ist, und diese Auswahl rational bzw. theoretisch begründen.

Der Logische Positivismus emigrierte in den 30er-Jahren in die USA, von wo er – leicht modifiziert – zur reimportierten Analytischen Philosophie wurde. Diese, ungeachtet aller möglichen Varianten, im Kern ihres Wesens antiplatonisch-antimetaphysische Philosophie hat eine enorme Virulenz entfaltet.

Zeitgeistprägend war und ist die Analytische Philosophie nicht etwa trotz ihrer Aufkündigung epistemologischer Dienste für die Einzelwissenschaften, sondern wohl gerade deswegen.

Während KANT noch gefragt hat: „Was können wir wissen?“, „Was sollen wir tun?“, „Was dürfen wir hoffen?“, gestattet die Analytische Philosophie nur noch die Frage: Was erlaubt uns die Sprache sinnvollerweise zu sagen, und zwar, ohne dass wir uns auf metaphysisches Terrain begeben?

Ein metaphysikbereinigter Empirismus muss jeden Anspruch fallen lassen, „wahre Aussagen“ über die Welt zu machen, und dies ganz unabhängig vom Erkenntnisgegenstand, wenn das Kriterium menschenunabhängiger Gültigkeit zugrunde gelegt wird. Ich wage zu behaupten, dass bekennende Metaphysiker wie EINSTEIN und GÖDEL, wie auch alle anderen, stets nur im Rückblick als „groß“ zu bezeichnenden Wissenschaftler, wenn sie nach den heute üblichen empiristischen Exzellenzkriterien wie Drittmittelkonto, Personal Impact Factor, Mitgliedschaften in Gremien und Kartellen und dergleichen evaluiert würden, ziemlich chancenlos und damit unsichtbar wären.

Ob wir uns als Wissenschaftler besser neosophistisch-humanistisch oder aber platonisch-metaphysisch orientieren, hängt allein von der Zielsetzung ab. Wollen wir Naturwissenschaft auf erkenntniserweiternde Weise betreiben und uns nicht auf die durch die Praxis der Drittmittelvergabe privilegierte erkenntniskonservative Forschung beschränken, bedürfen wir der Metaphysik. Wenn es aber wie in den Human- und Kulturwissenschaften nicht um kontextunabhängige Wahrheiten geht, sondern das wie auch immer zu definierende Wohlergehen der Menschen, geben uns die so genannten Lebensphilosophen, beginnend bei den Sophisten über NIETZSCHE, JAMES, BERGSON, LEVINAS bis hin zu RORTY, wie auch die phänomenologischen Philosophen im Gefolge HUSSERLS Orientierungshilfen. Dabei muss aber stets auch im Auge behalten werden, dass die Ersetzung des Prinzips „Wahrheit“ durch das Prinzip „Konsens“ die Behauptung von Allem und Jedem im Namen von Relativismus, Unschärfe, Individualismus, Kulturalismus und Toleranz ermöglicht.

Ausgangspunkt und roter Faden für die bisherige Erörterung war die Schilderung des innigen Einvernehmens zwischen zwei wahrhaft großen Geistern.

Mit Blick auf das ausklingende „Jahr der Geisteswissenschaften" erscheint mir nun eine nähere Beleuchtung des Begegnungsrahmens, des „Institute for Advanced Study", angebracht.

Gegründet wurde das Institut von ABRAHAM FLEXNER, der sich als Bildungsreformer verstand. Mit den ihm von privater Seite zur Verfügung gestellten Mitteln versuchte er, ein Modell zur Behebung der mangelhaften Effizienz der US-amerikanischen Schulen und Universitäten, insbesondere der Medical Schools, zu entwickeln. Die Wurzel des Übels sah er in der Beschränkung auf eine anwendungsbezogene Vermittlung von zusammenhanglosem Detailwissen. In den Gründungsprotokollen heißt es feinsinnig, dass das Institut der „Nutzanwendung unnützer Erkenntnis" dienen möge. Im Originaltext steht: „*Intellectual inquiry, not job training, is the purpose*" [1].

Auf die Frage nach erwarteter Gegenleistung angesichts überaus großzügiger Dotierung soll FLEXNERS Standardantwort gelautet haben: „*You have no duties, only opportunities*" [1].

Auf der Suche nach Reformmodellen war FLEXNER in Berlin fündig geworden. Die Nobelpreisträgerdichte hatte dort zwischen 1900 und 1930 nirgends ihresgleichen. Natürlich hatten sich die Wissenschaften auch hier durch ihren Nutzen zu rechtfertigen. Der Genius loci scheint darin bestanden zu haben, dass hier im Unterschied zu anderen Ländern gewisse gesellschaftspolitisch brisante Ideen Fuß gefasst hatten. So wurde im Gefolge der durch die Napoleonischen Kriege unabweislich gewordenen Reformen auch die bis dahin unerhörte Forderung nach Bildung für alle laut.

Es war JOHANN GOTTLIEB FICHTE, der mit seinen Vorlesungen „Über die Bestimmung des Gelehrten" und „Reden an die Deutsche Nation" den königlich preußischen Beamten WILHELM VON HUMBOLDT zu dessen Bildungsreform inspirierte. Das Neue und Besondere daran war die dezidierte Zweckfreiheit von Bildung. Schulen und Wissenschaften sollten ihre Rechtfertigung allein in dem natürlichen menschlichen Drang nach Erkenntnis finden.

Im „Litauischen Schulplan" von 1809 heißt es: „*Alle Schulen aber ... müssen nur allgemeine Menschenbildung bezwecken. Was das Bedürfnis des Lebens oder eines einzelnen seiner Gewerbe erheischt, muss abgesondert und nach vollendetem Unterricht erworben werden. Wird beides vermischt, so wird Bildung unrein, und man erhält weder vollständige Menschen noch vollständige Bürger*" [3].

Es ist das bleibende Verdienst ABRAHAM FLEXNERS, dieser Idealvorstellung von Mensch, Bürger und Wissenschaftler in Princeton erstmalig eine institutionelle Gestalt gegeben zu haben.

In meiner 1997 erschienenen Monographie „Biomedizin" [8] – diesem Buch verdanke ich wohl in erster Linie, dass ich heute vor Ihnen stehen darf – habe ich als Nervenarzt und Psychophysiologe eine kritische Zustandsbeschreibung meines Metiers gegeben. Fehlentwicklungen erschienen mir als Ausdruck eines speziell in den Humanwissenschaften unterentwickelten methodologischen Bewusstseins. Dabei fügte es sich, dass ich kurz nach Erscheinen des Buchs mit einem überragenden Vertreter der exakten Naturwissenschaften wie auch Universalgelehrten, HANS-JÜRGEN TREDER, ins Gespräch kam. TREDER ist 2006 im 78. Lebensjahr verstorben. In einer über 10 Jahre geführten intensiven mündlichen und schriftlichen Diskussion – ein Schriftwechsel ist in Buchform erschienen [9] – wurde mir das für einen Nervenarzt seltene Privileg zuteil, aus erster Hand über die epistemologischen Grundlagen der exakten Naturwissenschaften belehrt zu werden, und zwar unter fast vollständiger Ausblendung des fachtechnischen Apparats. Unser interdisziplinärer Dialog, den wir in der allen Fachsprachen (einschließlich der Mathematik) übergeordneten Metasprache führten, nämlich der gewöhnlichen Umgangssprache, hat mir verständlich werden lassen, wie es zu der Sackgassensituation kommen musste, in der sich heute – bei allen technologischen Fortschritten – die Bemühungen um eine wissenschaftliche Aufklärung nach wie vor offener, elementarer Fragen des menschlichen Selbstverständnisses befinden. Eine solche Aufklärung erfordert multiperspektivische Interdisziplinarität. Entgegen einer immer wiederkehrenden Behauptung setzt Interdisziplinarität keineswegs die wechselseitige Aneignung von Fachsprachen voraus. Unsere natürliche Alltagssprache, die nach EINSTEIN durch Wissenschaft zu „verfeinern" sei, stellt das unerschöpfliche Reservoir unserer spezifisch humanen kreativen Potenzen dar, da sie und nur sie die Generierung von theoretischen Konstrukten, besser gesagt, nicht hintergehbaren „Erklärungsprinzipien" (KANTS „regulative Ideen") ermöglicht. Wissenschaft ohne derartige Erklärungsprinzipien, die selber nicht erklärbar, lediglich zur Erklärung von anderem dienen, ist unmöglich. Beispiele sind Materie, Geist, Kraft, Energie, Gott, Zeit, Raum etc.

In unseren Universitäten stellt man seit über 100 Jahren erklärende Naturwissenschaften verstehenden Geisteswissenschaften gegenüber. Als repräsentativ für die Naturwissenschaften gilt die Physik. Dabei übersieht man, dass die Physik nur für die „exakten", die „galileischen" Naturwissenschaften stehen kann. Diese zielen auf kontextunabhängige Aussagen von Gesetzescharakter. Als paradigmatisch hierfür gilt der sog. reine Fall. Durch die Versuchsanordnung werden alle das Resultat potenziell verfälschende Einflüsse ausgeschaltet oder wenigstens kontrolliert. Nun gibt es aber auch naturwissenschaftliche Fragestellungen, bei denen die Schaffung experimenteller Reinheit den Untersuchungsgegenstand verändert oder gar zerstört. Dies wird immer dann der Fall sein, wenn es nicht um die Mechanik physikalischer Objekte geht, sondern um die ebenfalls der Natur zugehörigen Phänomene des Lebendigen und des Geistigen. Solche Phänomene sind ihrem Wesen nach kontextabhängig und können damit nicht den galileischen Methodenidealen genügen. Akzeptieren wir, dass wir es hier gleichwohl mit Tatsachen zu tun haben, die in den Zuständigkeitsbereich der Naturwissenschaften fallen, dann resultiert eine methodologische Unterteilung der Naturwissenschaften in eine galileische und in nicht-galileische. Die biologische Forschung krankt heute v. a. daran, dass nahezu ausschließlich galileisch verfahren wird. Auf der anderen Seite ist die Physik nur für solche Fragen zuständig, die galileisch formulierbar sind. Zwar gelten die Gesetze der Physik völlig unabhängig davon, zu welchen Phänomenen sich die Elemente, also die reinen physikalischen Objekte, zusammengefügt haben. Daraus folgt aber keineswegs, dass alle in der Natur zu entdeckenden Regelhaftigkeiten auf die Gesetze der Physik reduzierbar sind. So ist eine Graugans keineswegs aus der Dynamik der Teilchenphysik zu verstehen. Die Graugans ist eben kein physikalisches Phänomen. Ihre Natur als Lebewesen enthüllen uns in erster Linie Zoologie, Ornithologie und vergleichende Verhaltensforschung. Dies sind Disziplinen mit eigenen Fragestellungen und Theorien, die sich nicht auf die Physik zurückführen lassen. So sollte es sich von selbst verstehen, dass das interessanteste aller Forschungsobjekte, der Mensch, kein genuines Forschungsobjekt der Physik sein kann. In unserer vom „Neuroimaging" geprägten Forschungslandschaft, in der die eigentlich entscheidenden Aspekte, nämlich Prozessdynamik und Funktionsbeziehungen, unberücksichtigt bleiben müssen, scheint dies keineswegs selbstverständlich zu sein. Für biologische bzw. physiologische Fragen kann die Physik lediglich als eine Hilfswissenschaft ohne jegliches eigene Erkenntnisinteresse fungieren.

Die hier nachdrücklich geforderte Sonderung von galileischer und nicht-galileischer ***Natur***forschung setzt eine positive Antwort auf die geflissentlich vermiedene Vorfrage voraus, ob die Phänomene des Lebendigen und des Geistigen als **naturwissenschaftlich** untersuchbare Tatsachen anzuerkennen sind oder nicht. Nach wie vor gilt, was ich in meinem Buch vor über 10 Jahren als Kernaussage bewusst provokativ formuliert habe:

„*Unter Biologie versteht man heute eine sog. Grundlagen- oder auch Laborwissenschaft, die das Phänomen „Leben“ ausklammert*“ [8].

Dabei hat uns JAKOB V. UEXKÜLL [7] schon vor vielen Jahrzehnten den Weg zu einer Biologie als eigenständiger, naturwissenschaftlicher Disziplin gewiesen, die zu Recht als eine Wissenschaft des Lebendigen gelten kann. Als entscheidendes Kriterium dieser Eigenständigkeit, bzw. als Kennzeichen des Lebendigen galt ihm ein dynamischer Homomorphismus zwischen einem Organismus und dessen „Umwelt“. Eben diesen Homomorphismus hatte HUMBERTO MATURANA im Sinn, als er ein halbes Jahrhundert später von „struktureller Verkoppelung“ sprach.

Hinter der scheinbar unbegründeten Substituierung des sprachlich eindeutigen Begriffs der „Biologie“ durch den der „Lebenswissenschaften“, ebenso wie hinter der Forderung nach „Naturalisierung“ alles Geistigen, verbirgt sich mehr als nur ein vages Unbehagen am unpräzisen Ausdruck. Hier bekundet sich vielmehr eine uneingestandene tief reichende Grundlagenkrise all jener Naturwissenschaften, die, vom Gegenstand her nicht-galileisch, sich dennoch als galileisch selbst missverstehen.

Die Herrschaft des theorieabstinenten antimetaphysischen Empirismus hat zu einem Bedeutungswandel des Wissenschaftsbegriffs geführt. Wissenschaft ist nicht mehr das, was Wissen schafft, sondern ein Marketingbegriff nach Art eines „Sesam öffne dich!“, usurpiert und zurechtgebogen von Wissenschaftsmanagern unserer Forschungseinrichtungen im Verein mit wirtschaftgelenkten Politikern. Ein solcher Wissenschaftsbegriff steht in schroffem Kontrast zu jenem, der von J. G. FICHTE und W. VON HUMBOLDT propagiert und in den USA via Princeton weiterentwickelt wurde, und zwar unter Verzicht auf jede Exzellenzrhetorik. Obgleich die sich letztlich auch im Ökonomischen manifestierende Überlegenheit der Humboldtschen Idee – transatlantisch gewendet – auch als das „Princeton-Prinzip“ zu bezeichnen – offen zutage liegt, scheinen Bildung und Wissenschaft, als hohe Werte an sich, bei uns immer unvorstellbarer zu werden. Mit einem Plädoyer für eine Rückbesinnung auf dieses unverzichtbare aufklärerische Ideal einer Forschung in kontemplativer Freiheit aller sich dem Erkenntnisfortschritt verpflichtet fühlenden Wissenschaftler wie auch der für die Rahmenbedingungen verantwortlichen Bildungs- und Wissenschaftspolitiker stehe ich glücklicherweise nicht allein. So schrieb der weit über seine Fachgrenzen hinaus bekannte Geophysiker HELMUT MORITZ [4] als langjähriger wissenschaftlicher Diskussionspartner und Freund HANS-JÜRGEN TREDERS anlässlich dessen Todes: „*Hence* TREDER *was left in peace, which showed a similar wisdom as, for instance the Institute of Advanced Study in Princeton with the great individualists* EINSTEIN *and* GÖDEL“ [5].

Wer im „Princeton-Prinzip“ die unabdingbare Voraussetzung sieht für das Erschließen neuer Erkenntnishorizonte, und zwar jenseits der von unverhohlen ökonomistischen Vorgaben bestimmten Exzellenzrhetorik, sollte aber auf keinen Fall die Widerstände seitens der Vertreter des „Anti-Princeton-Prinzips“ unterschätzen [6].

Bildung und Erkenntnisdrang – in unseren Breiten gern als unzeitgemäße romantische und schöngeistige Versponnenheit diskreditiert – bergen für die ungebildeten Sachwalter des Wissenschaftsbetriebs ein unkalkulierbares Risiko, das Risiko nämlich, Überraschendes, Unvorhersehbares, Unkontrollierbares und damit letztlich auch Unbotmäßiges hervorzubringen.

Bemerkung

Am 8. November 2007 erhielt Prof. ULRICH (Klinik für Psychiatrie der Charité, CBF) im Rahmen eines Festakts in der Aula der Universität Zürich den mit 25.000 € dotierten Preis der Dr.-Margrit-Egnér-Stiftung. Weitere Preisträger waren der Nestor der deutschen Sozialpsychiatrie und Träger des Bundesverdienstordens Prof. Dr. Dr. KLAUS DÖRNER (Hamburg) sowie der Mitbegründer der schweizerischen Kinder- und Jugendpsychiatrie Prof. Dr. HEINZ STEFAN HERZKA.

Die 1983 gegründete Stiftung ehrt Forscherpersönlichkeiten, denen die Humanwissenschaften (Psychologie, Psychiatrie, Pädagogik, Philosophie) innovative richtungsgebende Impulse verdanken. Der Preis genießt international hohes Ansehen. Zu den Preisträgern gehören etwa die Psychiater TELLENBACH, WYSS, WYNNE, FOUKES, BENEDETTI, NAVRATIL, FÖRSTL, die Kinderpsychiater BÜRGIN, LEMPP, SPIEL, die Psychoanalytiker LOCH, THOMAE, WURMSER, die Familientherapeuten SIMON, STIERLIN, WILLI, die Pädagogen LEHR, VON HENTIG, HURRELMANN und die Philosophen GADAMER, HABERMAS und MITTELSTRASS.

Prof. ULRICH wurde für seine langjährigen Bemühungen geehrt, die Universitätspsychiatrie zu einem kritischen Überdenken ihrer methodologischen Grundlagen zu bewegen, was er als Voraussetzung für ihr Weiterbestehen als eines eigenständigen medizinischen Fachs betrachtet.

Literatur

[1] GOLDSTEIN, R. (2006) Kurt Gödel. Jahrhundertmathematiker und großer Entdecker. Orig. „The Proof and Paradox of Kurt Gödel“. Atlas/Norton, New York-London

[2] HAYNES, J.-D., REES, G. (2006) Decoding Mental States from Brain Activity in Humans. Nat. Rev. Neurosci. **7**: 523–534. http://www.bccn-berlin.de/Research Groups/haynes

[3] HUMBOLDT, W. v. (1809) Der Königsberger und der Litauische Schulplan. In: FLITNER, A., GIEL, K. (Hrsg.) W. v. Humboldt-Werke, Bd. IV, S. 168–195. Wiss. Buchgesellschaft, Darmstadt

[4] MORITZ, H. (1995) Science. Mind and the Universe – An Introduction to Natural Philosophy. Wichmann, Heidelberg. Frei verfügbar unter: http://www.helmut-moritz.at
[5] MORITZ, H. (2007) Meeting Hans-Jürgen Treder. In: SCHRÖDER, W. (Hrsg.) Recollections of Hans-Jürgen Treder (1928–2006), S. 6–8. Science Editions, Potsdam
[6] MÜNCH, R. (2007) Die akademische Elite. Suhrkamp, Frankfurt a. M.
[7] UEXKÜLL, J. V. (1920) Theoretische Biologie. Paetel, Berlin
[8] ULRICH, G. (1997) Biomedizin – Die folgenschweren Wandlungen des Biologiebegriffs. Schattauer, Stuttgart-New York
[9] ULRICH G., TREDER, H.-J. (2000) Im Spannungsfeld von Aletheia und Asklepios – Versuch einer Annäherung von Medizin und Physik (ein Briefwechsel). Nexus, Düsseldorf

Anschrift des Verfassers: Prof. Dr. med. Gerald Ulrich, Im Brachfeldwinkel 15, 13509 Berlin, Deutschland (Psychiatrie, Neurologie, Psychophysiologie); bis Juni 2008 Charité – Berliner Universitätsmedizin. E-Mail: gerald.ulrich@charite.de.

Österreichische Akademie der Wissenschaften

Mathematisch-naturwissenschaftliche Klasse

Sitzungsberichte

Abteilung II

Mathematische, Physikalische
und Technische Wissenschaften

217. Band
Jahrgang 2008

Wien 2009

Verlag der Österreichischen Akademie der Wissenschaften

Inhalt

Sitzungsberichte Abt. II

Sitzungsber. Abt. II (2008) 217: 3–11

Sitzungsberichte
Mathematisch-naturwissenschaftliche Klasse Abt. II
Mathematische, Physikalische und Technische Wissenschaften

CHN_7 – A Molecule Like Almost Solid Nitrogen

By

Georg Steinhauser

(Vorgelegt in der Sitzung der math.-nat. Klasse am 17. Jänner 2008
durch das k. M. I. Peter Steinhauser)

Abstract

In this communication, we present the crystal structure of an energetic salt – a dysprosium 5,5′-azotetrazolate hydrate with a 5-azido-2*H*-tetrazole adduct and, thereby, the first complete crystal structure of a 5-azidotetrazole molecule (CHN_7). Furthermore, it is the first structural evidence for a 2*H*-tautomer of this molecule: By careful analysis of the hydrogen bonding in the crystal, we could unambiguously locate the hydrogen atom at the N2 position. The extremely sensitive and energetic 5-azidotetrazole presented herein is the nitrogen-richest organic molecule which has ever been completely structurally characterized. The dysprosium compound is the first co-crystal of a 5,5′-azotetrazolate anion with a neutral 5-substituted tetrazole derivative adduct. It is also the first structurally characterized azotetrazolate of an f-block element. Our result shows that 5-azido-2*H*-tetrazole is the product of Lewis acidic decomposition of 5,5′-azotetrazole in water in presence of nitrate.

1. Introduction

Tetrazoles are unsaturated 5-membered aromatic heterocycles containing four nitrogen atoms. The nitrogen content of the unsubstituted CH_2N_4 molecule is almost 80%. Derivatives of tetrazole are object of recent preparative chemical research [1] and promising materials for many applications as energetic materials [2, 3]. 5-Azidotetrazole (CHN_4N_3, **1**) has long been an object of investigation because of its extremely high nitrogen content (88.3%) [4, 5] and for application as a potential primary explosive [6–8]. However, THIELE and INGLE concluded from their investigations on **1** more than 110 years ago that due to its highly sensitive character, "a direct analysis of the nitrogen-richest compound among organic molecules is absolutely impossible" [4].

In a theoretical study, the 5-azido-2*H*-tetrazole was calculated to be more stable than the corresponding 1*H*-isomer [9]. Thus it was somewhat surprising that in an earlier determination of the crystal structure of pure **1** [10], the tetrazole ring was found to be protonated on the N1 position. The fits, wR2, R1 etc. of the crystal structure of 5-azido-1*H*-tetrazole in that [10] paper are of relatively poor quality and thus left many questions open. Those authors used the reaction of 5-aminotetrazole, sodium nitrite and hydrochloric acid to form the tetrazole diazononium chloride. This compound was reacted with sodium azide and formed **1** under loss of dinitrogen.

Furthermore, **1** has been reported to form as a byproduct of the acidic decomposition of the 5,5′-azotetrazolate (ZT) under oxidizing conditions (see Scheme 1) [11–13].

The final reaction products of the degradation of 5,5′-azotetrazolate with nitric acid are 5-azido-2*H*-tetrazole, dinitrogen, carbon dioxide and dinitrogen monoxide, as shown in [14].

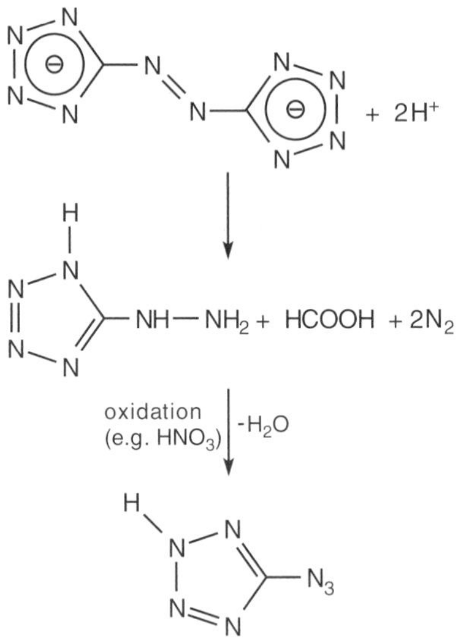

+ $2H^+$

NH—NH_2 + HCOOH + $2N_2$

oxidation (e.g. HNO_3) $-H_2O$

N_3

(1)

Scheme 1. Acidic decomposition of 5,5′-azotetrazolate and formation of **1** in aqueous media

Infrared spectroscopy readily identifies **1** by the antisymmetric stretching vibration of the azido group [15–17]. In a paper on several mono-, di- and trivalent metal salts of 5,5′-azotetrazolate, IR data have been tabulated [18]. Interestingly, only the lanthanide compounds investigated in that study (La_2ZT_3, Ce_2ZT_3, Nd_2ZT_3, Gd_2ZT_3) show the typical IR band of a covalent azide. For the cerium(III) ZT, the typical IR band around 2150 cm^{-1} is not listed in that paper. Close inspection of the original IR spectra clearly shows this peak as well. In that paper, the possible existence of an azide – most likely 5-azido-tetrazole – as an impurity in the respective lanthanide 5,5′-azotetrazolate salts is not discussed.

2. Results and Discussion

Herein, we would like to communicate a highly interesting result to the Austrian Academy of Sciences: the structurally characterized product of the reaction of sodium 5,5′-azotetrazolate and dysprosium trinitrate in water – the unusual high-nitrogen compound octaaquadysprosium(III)–5,5′-azotetrazolate–nitrate (or ZT/2)–5-azido-2*H*-tetrazole–water (1/1/1/2/3 or 4) (**2**) and, thereby, the first structural characterization of a 5-azido-2*H*-tetrazole molecule (see Table 1).

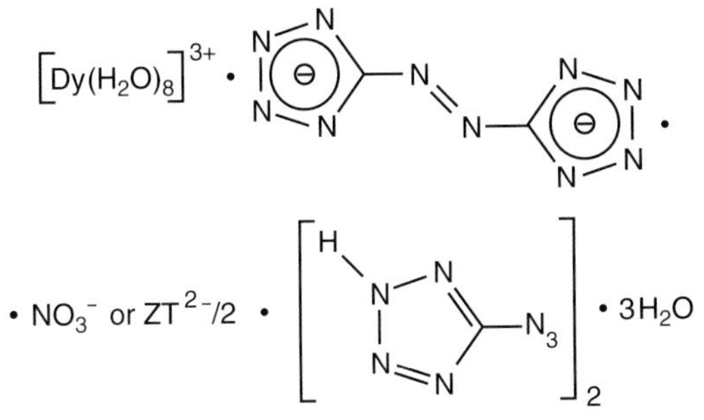

$[Dy(H_2O)_8]^{3+}$ • ZT^{2-} • NO_3^- or $ZT^{2-}/2$ • [5-azido-2*H*-tetrazole]$_2$ • $3H_2O$

(2)

Dysprosium trinitrate supports the formation of 5-azidotetrazole in several ways. Due to the lanthanide contraction, the Dy^{3+} ion is more acidic than, e.g. La^{3+} or Gd^{3+} and thus enhances the decomposition of 5,5′-azotetrazolate. Furthermore, as a member of the heavier "yttric earths", its basic salts are characterized by a higher solubility and thus reactivity than the respective basic salts of the "cerite earths" [19]. Lastly, nitrate is known to oxidize the 5-hydrazinotetrazole forming the azide in acidic solution, eventually after reduction to nitrite [11, 12, 14].

Table 1. Crystal structure and refinement data of **2** (assuming the presence of NO_3^-)

Empirical formula	$C_4H_{24}DyN_{25}O_{14}$
Formula weight/g mol^{-1}	808.90
Temperature/K	100
Crystal size/mm	0.24 × 0.08 × 0.03
Crystal system	triclinic
Space group	$P\bar{1}$
a/Å	7.2443(7)
b/Å	11.6124(19)
c/Å	19.456(2)
α/°	90.428(9)
β/°	100.141(7)
γ/°	104.595(11)
V/Å^3	1556.8(3)
Z	2
ρ_{calc}/g cm^{-3}	1.5933(3)
μ ($Mo_{K\alpha}$)/mm^{-1}	2.478 ($\lambda = 0.71073$ Å)
F(000)	3.72–28.81
Reflections collected	10690
Reflections unique	8133 ($R_{int} = 0.0330$)
Observed reflections	5007 [$I > 2\sigma(I)$]
$R1$ (2σ)	0.0289
$R1$ (all data)	0.0369
w$R2$ (2σ)	0.0714
w$R2$ (all data)	0.0740
Data to parameter ratio	13.3:1 [11.0:1 $I > 2\sigma(I)$]
GOOF on F^2	1.054

Structure solution was performed with SIR-97 [20] with direct methods. Satisfactory atomic positions of the second anion could not reliably be determined. Due to this disorder in the crystal structure, we were not able to clarify the nature of the second anion, it could be nitrate or 5,5′-azotetrazolate. However, the disordered molecules were treated as a diffuse contribution using the program SQUEEZE [21, 22]. SQUEEZE calculated 520 Å^3 void space per unit cell and 63 electrons; 2 molecules of nitrate require 60 electrons per unit cell and one ZT anion requires 82 electrons, respectively. Further details on the crystal structure investigations may be obtained from the Cambridge Crystallographic Centre (CCDC, 12 Unions Road, Cambridge CB21EZ (Fax: (+44)1223-336-033; E-Mail: deposit@ccdc.cam.ac.uk), on quoting the depository number CCDC 670405.

In the molecular structure of **2**, two independent molecules of 5-azido-2*H*-tetrazole (Fig. 1) are present and arranged as staggered

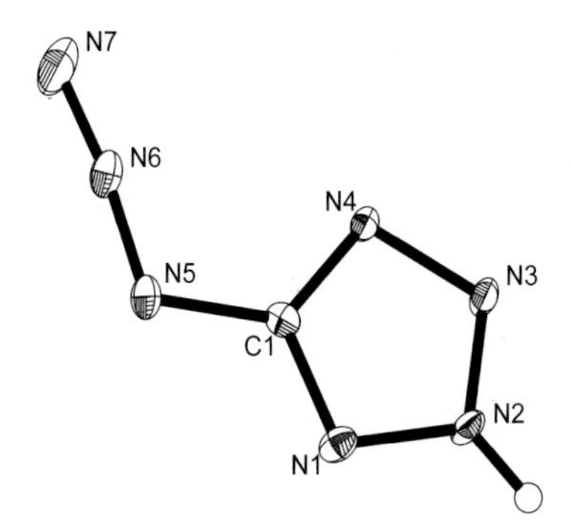

Fig. 1. ORTEP drawing of 5-azido-2*H*-tetrazole in the crystal structure of **2**. Thermal ellipsoids at the 50% probability level. Selected bond lengths [Å] and angles [°]: C1–N1 1.311(5), N1–N2 1.364(5), N2–N3 1.326(6), N3–N4 1.358(5), N4–C1 1.349(5), C1–N5 1.403(5), N5–N6 1.245(5), N6–N7 1.120(6), C1–N5–N6 113.6, N5–N6–N7 172.2(5), C1–N1–N2 102.2(3), N1–N2–N3 110.7(3), N2–N3–N4 109.0(4), N3–N4–C1 102.5(3), N4–C1–N1 115.5(4)

layers along the *a* axis. Due to only marginal differences in the bond distances and bond angles of both molecules, only one of them is discussed in detail. Compound **1** is nearly planar with a slightly shorter terminal N_β–N_γ bond length (N6–N7 1.120(6) Å) than the N_α–N_β bond length (N5–N6 1.245(5) Å), and an N5–N6–N7 bond angle of 172.2(5)°, which is common for covalent azides [23]. These values, as well as the atom distances in the tetrazole ring, are also in accordance with previously reported experimental data and theoretical predictions [9, 10]; the discrepancy is the different location of the hydrogen atom. Whereas in the published experimental work, the proton is located on the N1 position of the tetrazole ring [10], during our structure refinement, we located the proton at the N2 position in the solid state. 5-Azidotetrazole has been reported to be one of the strongest acids amongst 5-substituted tetrazole derivatives, due to the electron withdrawing properties of the azido-group (pseudohalide) [24]. For 5-substituted tetrazoles with electron withdrawing groups (such as halides (–Cl), pseudohalides (–CN, $-CF_3$) or classic electron withdrawing groups, such as $-NO_2$, p-NO_2-Ph– or $-SO_2Me$) the N2 protonated tautomer is favored in solution, whereas tetrazoles with electron donor substituents in the 5-position such as $-NH_2$ or $-CH_3$ are protonated preferentially on N1 [25]. However, due to the minimal energetic differences between both tautomers, it is likely that both can exist, depending on the chemical environment and physical conditions: Temperature and solvent effects also influence the

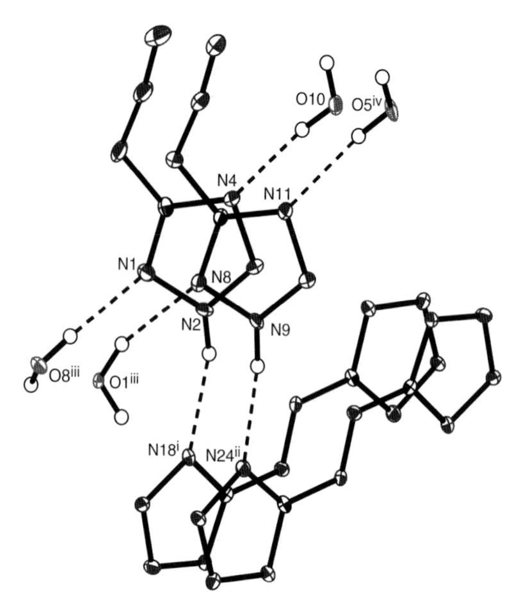

Fig. 2. View of the hydrogen bridges (dashed lines) of the azidotetrazole. Symmetry codes: (i) = 2 − x, 1 − y, 1 − z; (ii) = x, −1 + y, z; (iii) = 1 − x, −y, 1 − z; (iv) = 1 − x, 1 − y, 1 − z

equilibrium between the 1*H* and 2*H* tautomers. Our observation of 5-azido-2*H*-tetrazole in the solid state are not only supported by previous theoretical calculations [9] but also by a careful analysis of the hydrogen bonding in the crystal structure of compound **2**. The hydrogen atom bound to N2 of the tetrazole ring is part of an N–H···N hydrogen bridge with a donor–acceptor distance of 2.88 Å and an angle of 170.7° with a nitrogen atom of the 5,5′-azotetrazolate moiety (Fig. 2). Both N1 positions are "blocked", because they are already part of a hydrogen bridge, in this case an N···H–O bridge to water molecules coordinating the dysprosium cation (donor–acceptor distances 2.83 and 2.90 Å; angles 161.3 and 173.7°, respectively).

IR measurements on a small crystal of **2** evidence the existence of a covalent azide (band of the antisymmetric stretching vibration at 2148 cm^{-1}) [see also 16]. Covalent azido moieties show a very poor Raman activity, however, the anion 5,5′-azotetrazolate could be identified by Raman spectroscopy on a small single crystal in its mother liquid.

^{14}N-NMR measurements were performed with a small amount of the crystals' mother liquor diluted in H_2O. As expected from the quadrupole moment associated with the nucleus, not all the nitrogen resonances could be observed. The most intense peak corresponds to the resonance of the nitrate anion ($\delta = +8.9$ ppm), whereas for the azotetrazolate anion just the C–N_β shift is observed at $\delta = -64.1$ ppm, similarly to other metal azotetrazolates [18]. Lastly, due to the low concentration of the sample, just one peak for the nitrogen resonances of the azide in azidotetrazole **1** is found. This corresponds to the overlap of the azide resonances of the nitrogen atoms crystallographically labelled as N6 and N7 ($\delta = -126.5$ ppm), which are the most intense peaks in the ^{14}N-NMR spectrum of previously reported **1** [10]. The rest of the nitrogen resonances corresponding to **1** or the azotetrazolate anion, are much less intense and broader in similar compounds and are thus not observed [26].

3. Experimental

CAUTION! Azidotetrazole is an extremely sensitive energetic substance and explodes violently upon various stimulation such as heating, impact, friction of electrostatic discharge. The use of safety equipment such as Kevlar® gloves, wrist protectors, leather coats, face shields, conducting shoes and ear plugs is mandatory when handling this substance.

Compound **2** formed by the reaction of 133 mg dysprosium(III) nitrate pentahydrate (99.9% provided from the chemical store of the Atominstitut) and 122 mg sodium 5,5′-azotetrazolate pentahydrate (synthesized according to THIELE, see [27]) in aqueous solution. The starting materials were dissolved in 10 mL of water and heated to 90°C for 10 min. A greenish-gray precipitate formed, which did not dissolve by addition of further 10 mL of water. The reaction mixture was cooled in the refrigerator for one hour and the heterogeneous solid residue was removed by filtration. The clear brownish solution was allowed to stand in a closed vial for several months. During that time, small crystals of **2** grew on the bottom of the vial from where they were collected and submitted to X-ray diffraction. We expect to obtain the final distinctiveness on whether nitrate is present in the crystal structure of **2** (or ZT/2 instead) after further investigation (including elemental analysis), which will be performed soon. This does, of course, not affect the fundamental data obtained on the azidotetrazole molecule **1**. Its constitution and configuration presented herein does not leave a doubt on the nature of CHN_7 – a molecule like almost solid nitrogen.

$IR_{\tilde{\nu}}$ (Diamond-ATR, cm^{-1}) = 3340 (vs), 2148 (m), 1634 (s), 1393 (m), 1344 (m), 1106 (w), 726 (sh); Raman (14.5 mW, LabRam HR800

(Horiba Jobin Yvon), 25°C, cm^{-1}, rel. intensities in %) 1504 (71), 1485 (24), 1433 (23), 1398 (100), 1107 (43), 1083 (30), 936 (20); ^{14}N-NMR (H_2O, 20°C) δ/ppm: +8.9 (NO_3^-), −64.1 (azotetrazolate, C–N_β), −126.5 (azide, C_β/C_γ).

4. Conclusion

In this study, we determined the first crystal structure of a 5-azido-2*H*-tetrazole, which is the organic molecule with the highest nitrogen content that has ever been completely structurally characterized. In addition, **2** is also the first co-crystal of a 5,5′-azotetrazolate anion with a neutral 5-substituted tetrazole derivative. We could also unambiguously evidence that 5-azidotetrazole is one product of the Lewis acidic decomposition of 5,5′-azotetrazolate by trivalent lanthanoid ions in aqueous solution and in presence of nitrate. Furthermore, **2** is the first structurally characterized f-block element 5,5′-azotetrazolate, our results are also a strong evidence that the 5,5′-azotetrazolate ion does not only decompose in mineral acids but also in a Lewis acidic decomposition of the presented type. *Viribus unitis.*

Acknowledgements

Without the help of S.G., this study could not have been completed. The author thanks the Austrian Science Fund (FWF) for financial support (Erwin Schrödinger Stipendium, project no. J2645-N17).

References

[1] AUREGGI, V., SEDELMEIER, G. (2007) 1,3-Dipolar Cycloaddition: Click Chemistry for the Synthesis of 5-Substituted Tetrazoles from Organoaluminum Azides and Nitriles. Angew. Chem. Int. Ed. **46**: 8440–8444

[2] SINGH, R. P., VERMA, R. D., MESHRI, D. T., SHREEVE, J. M. (2006) Energetic Salts and Ionic Liquids. Angew. Chem. Int. Ed. **45**: 3584–3601

[3] STEINHAUSER, G., KLAPÖTKE, T. M. (2008) 'Green' Pyrotechnics – A Chemists' Challenge. Angew. Chem. Int. Ed. **47**: 3330–3347.

[4] THIELE, J., INGLE, H. (1895) Über einige Derivate des Tetrazols. Justus Liebigs Ann. Chem. **287**: 233–265

[5] HOFMANN, K. A., HOCK, H. (1911) Diazohydrazide aus Diazotetrazol, Beitrag zur Kenntnis der Stickstoffketten. Chem. Ber. **44**: 2946–2956

[6] TAYLOR, G. W. C., JENKINS, J. M. (1974) Primary Explosives of Improved Stability. Proc. Symp. Chem. Probl. Connected Stab. Explos. **3**: 43–46

[7] FRIEDERICH, W., FLICK, K. (1942) DE 719135 19420305

[8] FRIEDERICH, W. (1940) GB 519069 19400315

[9] CHEN, Z. X., FAN, J. F., XIAO, H. M. (1999) Theoretical Study on Tetrazole and Its Derivatives. Part 7: Ab initio MO and Thermodynamic Calculations on Azido Derivatives of Tetrazole. Theochem **458**: 249–256

[10] HAMMERL, A., KLAPÖTKE, T. M., NÖTH, H., WARCHHOLD, M. (2003) Synthesis, Structure, Molecular Orbital and Valence Bond Calculations for Tetrazole Azide, CHN_7. Propellants Explos. Pyrotech. **28**: 165–173

[11] BARRATT, A. J., BATES, L. R., JENKINS, J. M., WHITE, J. R. (1973) Govt. Rep. Announce (U.S.) **73**: 70

[12] BARRATT, A. J., BATES, L. R., JENKINS, J. M., WHITE, J. R. (1970) U.S. Nat. Tech. Inform. Serv. 1970, No. 727350

[13] MAYANTS, A. G., VLADIMIROV, V. N., RAZUMOV, N. M., SHLYAPOCHNIKOV, V. A. (1991) Decomposition of Azotetrazole Salts in Acid Media. J. Org. Chem. USSR **27**: 2177–2181

[14] BARRATT, A. J., BATES, L. R., JENKINS, J. M., WHITE, J. R. (1971) Some Reactions of the Azotetrazole Anion with Dilute Mineral Acids (Technical Note No. 44, Ministry of Defence, Explosives Research and Development Establishment). Waltham Abbey, Essex

[15] LIEBER, E., LEVERING, D. R. (1951) The Reaction of Nitrous Acid with Diaminoguanidine in Acetic Acid Media. Isolation and Structure Proof of Reaction Products. J. Am. Chem. Soc. **73**: 1313–1317

[16] LIEBER, E., LEVERING, D. R., PATTERSON, L. J. (1951) Infrared Absorption Spectra of Compounds of High Nitrogen Content. Anal. Chem. **23**: 1594–1604

[17] MARSH, F. D. (1972) Cyanogen Azide. J. Org. Chem. **57**: 2966–2969

[18] HAMMERL, A., HOLL, G., KLAPÖTKE, T. M., MAYER, P., NÖTH, H., PIOTROWSKI, H., WARCHHOLD, M. (2002) Salts of 5,5′-Azotetrazolate. Eur. J. Inorg. Chem. **4**: 834–845

[19] WIRTH, F. (1929) Seltene Erden. In: Ullmanns Enzyklopädie der technischen Chemie, 3rd Ed. Urban & Schwarzenberg, Berlin, Wien

[20] ALTOMARE, A., CASCARANO, G., GIACOVAZZO, C., GUAGLIARDI, A., MOLITERNI, A. G. G., BURLA, M. C., POLIDORI, G., CAMALLI, M., SPAGNA, R. (1997) SIR 97

[21] VAN DER SLUIS, P., SPEK, A. L. (1990) BYPASS: An Effective Method for the Refinement of Crystal Structures Containing Disordered Solvent Regions. Acta Crystallogr. **A46**: 194–201

[22] SPEK, A. L. (2001) PLATON. University of Utrecht, The Netherlands

[23] TORNIEPORTH-OETTING, I. C., KLAPÖTKE, T. M. (1995) Covalent Inorganic Azides. Angew. Chem. Int. Ed. **34**: 511–520

[24] LIEBER, E., PATINKIN, S. H., TAO, H. H. (1951) The Comparative Acidic Properties of Some 5-Substituted Tetrazoles. J. Am. Chem. Soc. **73**: 1792–1795

[25] SPEAR, R. J. (1984) Positional Selectivity of the Methylation of 5-Substituted Tetrazolate Anions. Aust. J. Chem. **37**: 2453–2468

[26] HAMMERL, A. (2001) Ph.D. Thesis. Ludwig-Maximilian University, Munich

[27] THIELE, J. (1898) Ueber Azo- und Hydrazoverbindungen des Tetrazols. Justus Liebigs Ann. Chem. **303**: 57–75

Author's address: Mag. rer. nat. Dr. techn. Georg Steinhauser, Vienna University of Technology, Atominstitut der Österreichischen Universitäten, Stadionallee 2, 1020 Wien, Austria. Fax: +43 1 58801 14199; E-Mail: georg.steinhauser@ati.ac.at.

(Manuscript received: January 6, 2008)

Sitzungsber. Abt. II (2008) 217: 13–36

Sitzungsberichte
Mathematisch-naturwissenschaftliche Klasse Abt. II
Mathematische, Physikalische und Technische Wissenschaften

Mathematical-Physical Properties of Musical Tone Systems III: Tonal Multiplication Tables

By

Bruno J. Gruber

(Vorgelegt in der Sitzung der math.-nat. Klasse am 17. April 2008
durch das k. M. I. Peter Steinhauser)

Abstract

The familiar tones/intervals of classical western music are analyzed in terms of their "internal" mathematical structure. This leads to mathematical interrelationships in the form of multiplication tables for tones/intervals, factorization of tones and their relationship by means of symmetry operations.

1. Introduction

It will be shown in this article that the properties of the musical tones and intervals, as encountered in traditional western music, can be described in the form of a multiplication/division table if treated as numerical numbers, and in the form of an addition/subtraction table if considered as vectors. This follows as a consequence from the ("internal") properties of these musical tones and intervals, namely from their property as (scaled) lattice points (vectors). That is, each tone/interval can be factored into a three-fold product of numbers with the three factors given by integer powers of the three prime numbers 2, 3 and 5. This mathematical "inner structure" of the musical tones/intervals permits the introduction of a mathematical (scaled) 3-dimensional lattice system which clearly exhibits the properties among the tones/intervals and their interrelationships [1], [2].

Several distinct bases can be used for the mathematical lattice system, all being equivalent. The choice of a particular basis is one of mathematical convenience and/or particular significance to established musical language. MAZZOLA [3] has used a basis for the lattice system which is directly related to the modern tuning methods of musical instruments, while in this article two mathematically convenient bases are being used. One of these two bases is called a "tuning basis", the other is called a "natural basis". Each of these two bases has advantages for different types of calculations as well as for the expression of the properties of the musical tones/intervals.

It was shown in [2] that the general lattice system of musical tones contains subsystems which form the bases for various musical systems. That is, these musical tonal systems form inventories of tones out of which the tones for actual musical scales can be selected. The **musical scales** thus form subsets of tones chosen from the **musical (inventory) systems** ("structured Tonmaterial"). One such system of tones/intervals is given by 116 tones/intervals contained in the octave $[c^0 = c = 1/1, c^1 = 2/1]$. These 116 tones/intervals correspond essentially to the tones classified by RIEMANN in [4] in the list "Determination of Tones". Table 10.1 of [2] for the tones/intervals of the major whole tone T_1, the interval $[c = 1/1, d = 9/8]$, illustrates this fact, as well as clearly shows the equivalence of the two distinct bases used.

From among the 31 tones/intervals listed in Table 10.1 of [2] for the interval [*c*, *d*], 15 tones have been selected for the purpose of creating a 15×15 multiplication/division table (the remaining tones are not relevant for the 116-tone system but belong to other tonal systems). The multiplication/division table for the 15 tones of the interval [*c*, *d*], having a total of 225 entries, can be re-expressed, by using symmetry arguments, in the form of a **reduced** multiplication table containing 120 entries. Of these 120 entries, that is tones/intervals, only 55 are distinct tones/intervals. Thus, the 15 input tones/intervals are sufficient to generate 40 additional tones/intervals via the multiplication/division table, all of which represent a system of interrelated and interconnected algebraic tones/intervals. The reduced multiplication/division table thus permits in an easy manner to recognize the (algebraic) relationships between tones and intervals, and the factorization of tones and intervals into products of tones and intervals, Sect. 4.

Having introduced the reduced multiplication table for the interval $[c, d]$ it will be shown that by using the "internal" mathematical structure of the tones/intervals the multiplication table can be extended to the entire octave $[c, c^1]$. Again, using symmetry arguments, the multiplication table for the interval $[c, d]$ can be translated, as a unit, to any other region of the 116-musical-tone system by means of multiplicative factors, or equivalently, by means of adding constant vectors to the entities of the $[c, d]$ multiplication table. This holds for any combination of subintervals of the octave $[c, c^1]$, Sect. 5.

In Sect. 2 definitions are given and the notation used in this article is described. Moreover, some of the results obtained in [1] and [2] are listed. In Sect. 3 the properties of the natural basis are discussed in some detail. In Sect. 4 a simple example is given for a multiplication table, namely a reduced 7×7 multiplication/division (addition/subtraction) table, given in terms of well-known tones/intervals. Sect. 4 thus can serve as an easily understandable introduction to musical multiplication systems in terms of familiar musical terminology. In Sect. 5 the above-mentioned reduced 15×15 multiplication/subtraction table is discussed, together with a comprehensive list of the 55 musical tones/intervals contained in this table. This list can also serve as a cross reference for the various systems of mathematical and musical characterization of musical tones and intervals. In Sect. 6 the results obtained in Sect. 5 for the interval $[c, d]$ are extended to the octave $[c, c^1]$.

The names used for the musical tones/intervals are those which were defined by Huygens-Fokker [5] (with the exception of a few non-conventional symbols which were introduced for the purpose of suggestive illustration).

2. Definitions and Notation

In this section the definitions and the notation used in this article are given.

The tones/intervals **t**, frequency ratios of musical tone frequencies ν_1/ν_2, are characterized in several distinct ways:

a) In the traditional way by means of numbers **t** on the real line given by ratios of integers (a one-dimensional approach), ν/ν_0, with the reference frequency $\nu_0 = c$.

b) By 3-dimensional vectors **t** as lattice points in a 3-dimensional mathematical space, with the three dimensions representing intervals given by the ratios 2/1, 3/2, and 5/3,

$$\mathbf{t} = (k_1, k_2, k_3) = (2/1)^{k_1}(3/2)^{k_2}(5/3)^{k_3}, \qquad k_i \text{ integers},$$
$$c^1/c = 2/1, \qquad g/c = 3/2, \qquad a/c = 5/3, \qquad (c^0 = c = 1). \tag{2.1}$$

Thus a tone $\mathbf{t}$ can be looked upon simultaneously as representing a vector and a number.

A convenient basis for this tonal system can be defined by

$$\begin{aligned}(1,0,0) &= 2/1 = c^1,\\ (0,1,0) &= 3/2 = g,\\ (0,0,1) &= 5/3 = a.\end{aligned} \tag{2.2}$$

This basis for tonal systems will be referred to as a "tuning basis". It holds for two tones/intervals

$$\begin{aligned}\mathbf{t}_1 \cdot \mathbf{t}_2 &= (k_1, k_2, k_3) \cdot (k_1', k_2', k_3')\\ &= (2/1)^{k_1}(3/2)^{k_2}(5/3)^{k_3} \cdot (2/1)^{k_1'}(3/2)^{k_2'}(5/3)^{k_3'}\\ &= (2/1)^{k_1+k_1'}(3/2)^{k_2+k_2'}(5/3)^{k_3+k_3'}, \qquad \text{as numbers,} \qquad (2.3a)\\ &= (k_1, k_2, k_3) + (k_1', k_2', k_3') = (k_1 + k_1', k_2 + k_2', k_3 + k_3')\\ &= \mathbf{t}_1 + \mathbf{t}_2, \qquad \text{as vectors.} \qquad (2.3b)\end{aligned}$$

Thus, in what follows, it will be the composition law, multiplication $\cdot$ or addition $+$, which will indicate whether a tone is considered to be represented as a number or by the vector corresponding to this number. Moreover, the dot for the multiplication law will be omitted unless it is necessary for a better understanding. Thus we have the equivalence $\mathbf{t}_1 \cdot \mathbf{t}_2 = \mathbf{t}_1 + \mathbf{t}_2$.

c) As vectors $\mathbf{t}$ expressed with respect to the basis $\boldsymbol{\lambda}$, $\boldsymbol{\mu}$, $\boldsymbol{\rho}$,

$$\mathbf{t} = [n, m, r] = \lambda^n \mu^m \rho^r, \qquad n, m, r, \quad \text{integers},$$
$$\begin{aligned}\lambda &= [1,0,0] = (-6, 9, 1), && \text{schisma,}\\ \mu &= [0,1,0] = (11, -15, -3), && \text{diaschisma-schisma,}\\ \rho &= [0,0,1] = (-6, 4, 5], && \text{small diesis,}\end{aligned} \tag{2.4}$$

where the names for the base vectors have been taken from ref. [5].

This basis will be referred to as the “natural basis”. The mathematical form of the basis elements λ, μ, ρ has been obtained in [2] as a consequence of the “closure condition” for a (scaled) tonal system.

The relationship between the musical lattice points, expressed in terms of the tuning basis and the natural basis, is given by

$$[n,m,r] = (-6n+11m-6r, 9n-15m+4r, n-3m+5r),$$
$$(n,m,r) = [63k_1+37k_2+46k_3, 41k_1+24k_2+30k_3, 12k_1+7k_2+9k_3],$$
$$n,m,r,k_1,k_2,k_3, \quad \text{integers.} \tag{2.5}$$

It holds

$$2/1 = c^1 = (1,0,0) = 63[1,0,0]+41[0,1,0]+12[0,0,1] = [63,41,12],$$
$$3/2 = g = (0,1,0) = [37,24,7],$$
$$5/3 = a = (0,0,1) = [46,30,9]. \tag{2.6}$$

The number N of intervals contained in the octave $[c, c^1]$ is given by (see [2]),

$$N = 63 + 41 + 12 = 116. \tag{2.7}$$

d) By an ideographic notation, in the form of symbols like

$\sharp$, for the minor chroma,

$\flat_1$, for the large limma,

$\flat_2$, for the minor diatonic semitone,

etc.

These various types of notation will be used interchangeably as each notation has its own aspect of usefulness.

The 116-tone musical lattice system discussed in [2] contains various musical tonal subsystems. While these musical subsystems are 3-dimensional, the general mathematical lattice system contains also 2-dimensional tonal systems (for example, the Pythagorean-type musical tonal systems). In fact, the system of octave tones itself can be considered as a 1-dimensional musical (sub)system.

The bases for some of the tonal subsystems which were discussed in [2] are listed in what follows:

2.1. Three-Dimensional Musical Systems

1) A 116-tone musical lattice system (related to RIEMANN’s list of tones, [4]). The bases and definitions for this musical lattice

system have been given in the preceding section of this article. The tones in list 10.1 of [2] are numbered by $\#n, n = 1, 2, 3, \ldots, 31$. The numbering of the tones discussed in this article is taken from this list.

2) A 31-tone musical lattice subsystem of the 116-tone musical system. The basis for the 31-tone subsystem is given by

$$\{S_1^{-1}, S_1^2 S_2, S_1^{-1}\mathbf{p}^{-1}\},$$

$S_1^{-1} = (3, 0, -4) = [5, 3, 0],$	major diesis,
$S_2 = (1, 1, -2) = [8, 5, 1],$	large limma,
$\mathbf{p} = (-1, 3, -1) = [2, 1, 0],$	syntonic comma,
	Pythagorean vector,
$S_1^2 S_2 = (-5, 1, 6) = [-2, -1, 1],$	Kleisma,
$S_1^{-1}\mathbf{p}^{-1} = (4, -3, -3) = [3, 2, 0],$	minor diesis,
$S_1 S_2 = S_3 = (-2, 1, 2)$	
$= [3, 2, 1] = \gamma = \sharp = \text{cis},$	minor chroma,
$S_3 = S_2 S_1^{-1} = (-2, 1, 2) \cdot (3, 0, -4)$	
$= (1, 1, -2) = [3, 2, 1] \cdot [5, 3, 0]$	
$= [8, 5, 1] = \flat_1 = \text{des},$	large limma,
	BP small semitone,

with

$$(S_1^{-1})^{15} (S_1^2 S_2)^{12} (S_1^{-1}\mathbf{p}^{-1})^4 = 2/1, \quad \text{the octave condition, and}$$
$$N = 15 + 12 + 4, \quad \text{number of tones/intervals.} \qquad (2.8)$$

3) A 23-tone musical lattice subsystem is generated by the intervals $\{\alpha, \gamma, \mathbf{p}, \gamma\mathbf{p}^{-1}\}$

$\alpha = (3, -5, 0) = [4, 3, 1] = s_3 = Sp^{-1},$	limma,
$\gamma = (-2, 1, 2) = [3, 2, 1] = S_3 = \text{cis},$	minor chroma,
$\mathbf{p} = (-1, 3, -1) = [2, 1, 0],$	syntonic comma,
	Pythagorean vector,
$\gamma\mathbf{p}^{-1} = (-1, -2, 3) = [1, 1, 1],$	maximal diesis,
$S = (2, -2, -1) = [6, 4, 1]$	
$= \alpha\mathbf{p} = S_2\mathbf{p}^{-1} = \flat_2,$	semitone,

$$\alpha^7\mathbf{p}^{11}\gamma^4(\gamma\mathbf{p}^{-1}) = 2, \qquad \text{the octave condition, and}$$
$$N = 7 + 11 + 4 + 1, \qquad \text{the number of tones/intervals.} \tag{2.9}$$

2.2. Relationships Between Tonal Systems (for Selected Tones)

$$\begin{aligned}
S_3 &= S_1S_2 = \sharp(\text{sharp}) = \text{cis},\\
s_3 &= s_1s_2 = S\mathbf{p}^{-1} = \alpha,\\
S &= \alpha\mathbf{p} = \flat_2 = S_2\mathbf{p}^{-1},\\
S_2 &= \flat_1 = \text{des},\\
T_2 &= T_1p^{-1} = \alpha\mathbf{p}\gamma,\\
T_1 &= S_1S_2^2 = d,\\
\rho &= S_1^2S_2\mathbf{p},\\
\mathbf{p}\gamma\mathbf{p} &= s_1^2s_2.
\end{aligned} \tag{2.10}$$

For additional details, and other musical tonal subsystems, see [2].

As it was mentioned it is the *operation*, addition or multiplication, which defines whether a given symbol is to be used as number or as vector. Thus, in the equations given above, all symbols represent numerical values. Exchanging the multiplication with addtion, all symbols represent 3-dimensional vectors.

3. Multiplication Table for the Natural Basis $\boldsymbol{\lambda}$, $\boldsymbol{\mu}$, $\boldsymbol{\rho}$

The multiplication table for the three basis elements of the natural basis of the 116-tone musical tone system is given in Table 1. This table is obtained by means of straightforward calculation of the products, or sums, of the basis elements $\boldsymbol{\lambda}$, $\boldsymbol{\mu}$, $\boldsymbol{\rho}$. The symbols $\mathbf{f}\rightarrow$ and $\mathbf{f}\downarrow$ denote interval factors. The symbol $\mathbf{f}\rightarrow$ represents the fixed quotient between the tones of two adjacent neighboring columns located along the same horizontal line, while the symbol $\mathbf{f}\downarrow$ represents the fixed quotient between the tones of two adjacent horizontal lines located in the same vertical column. In order to save space a reduced multiplication table is given. Use has been made of symmetry, namely the commutativity of multiplication. The tones $\mathbf{t}_1$ are listed horizontally above the double line. The tones $\mathbf{t}_2$ are listed diagonally below the diagonal double line. Choosing a tone $\mathbf{t}_1$ and a tone $\mathbf{t}_2$, the quotient tone $\mathbf{t}_3 = \mathbf{t}_1/\mathbf{t}_2$ is found as the entry at the intersection of the vertical line extending from tone $\mathbf{t}_1$ and the horizontal line extending from $\mathbf{t}_2$. Similarly, multiplication is

Table 1a. Algebraic Properties of the Natural Basis λ, μ, ρ

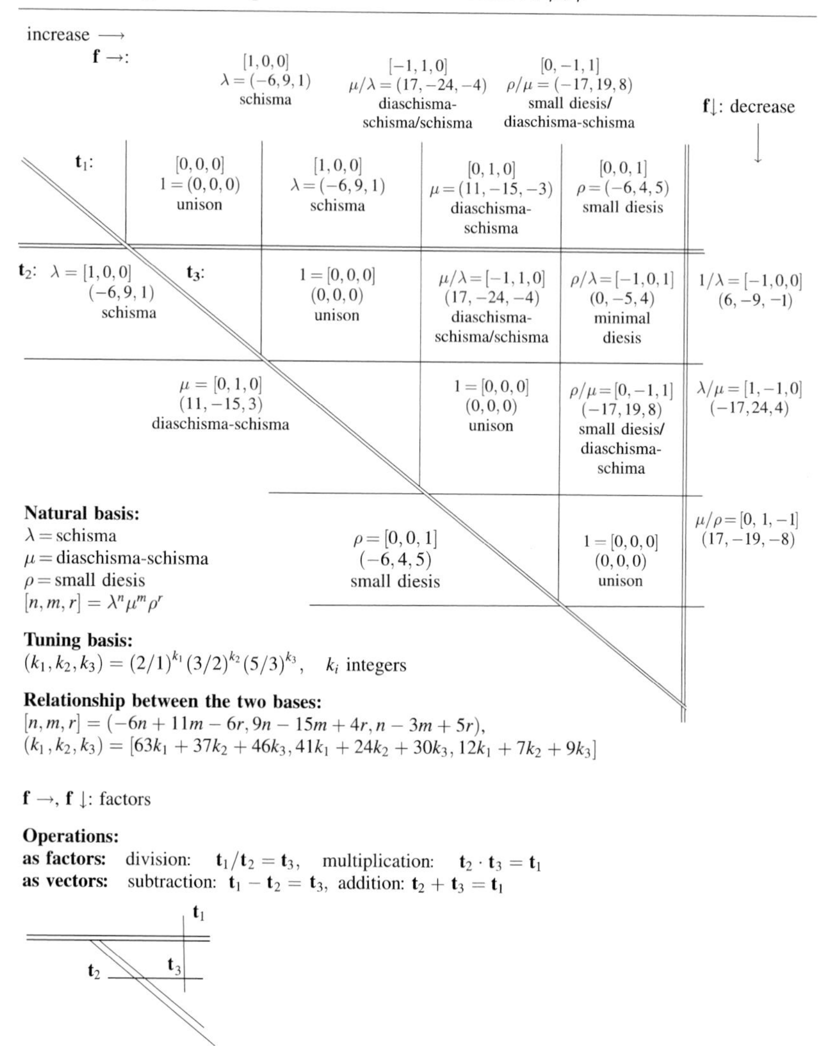

given by choosing a tone $\mathbf{t}_2$ and a tone $\mathbf{t}_3$, obtaining the product as the tone $\mathbf{t}_1 = \mathbf{t}_2 \cdot \mathbf{t}_3$ as the tone vertically above the tone $\mathbf{t}_3$. As can be easily recognized, the multiplication/division operation can be replaced by vector addition/subtraction.

Thus the internal algebraic structure of the three basis elements λ, μ, ρ gives rise to algebraic relationships among the three basis

Table 1b. Algebraic Properties of the Natural Basis λ, μ, ρ

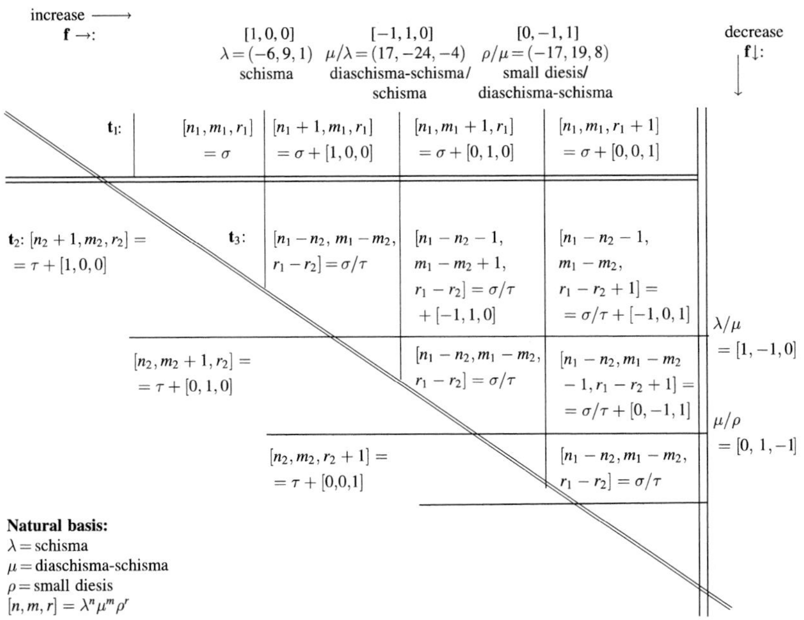

Natural basis:
λ = schisma
μ = diaschisma-schisma
ρ = small diesis
$[n, m, r] = \lambda^n \mu^m \rho^r$

Tuning basis:
$(k_1, k_2, k_3) = (2/1)^{k_1}(3/2)^{k_2}(5/3)^{k_3}$, k_i integers

Relationship between the two bases:
$[n, m, r] = (-6n + 11m - 6r, 9n - 15m + 4r, n - 3m + 5r)$,
$(k_1, k_2, k_3) = [63k_1 + 37k_2 + 46k_3, 41k_1 + 24k_2 + 30k_3, 12k_1 + 7k_2 + 9k_3]$

f $\rightarrow$, **f** $\downarrow$: factor

Tones: $\sigma = [n_1, m_1, r_1]$, $\tau = [n_2, m_2, r_2]$, $n_1, m_1, r_1, n_2, m_2, r_2$, integers

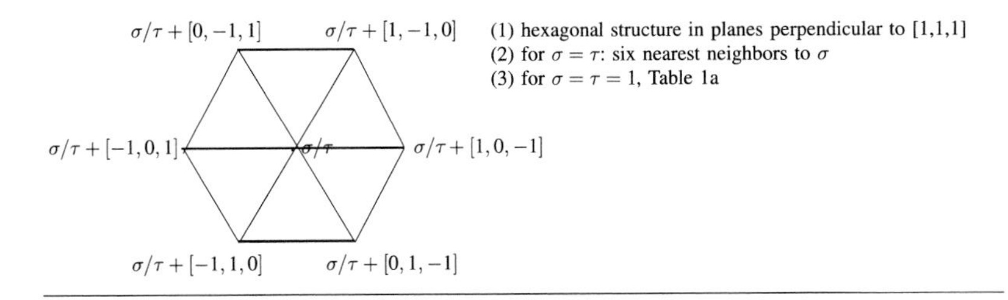

(1) hexagonal structure in planes perpendicular to [1,1,1]
(2) for $\sigma = \tau$: six nearest neighbors to σ
(3) for $\sigma = \tau = 1$, Table 1a

elements. That is, in terms of musical names, the tones

$$\begin{aligned} \lambda &= [1,0,0] = (-6,9,1) &&= \text{schisma}, \\ \mu &= [0,1,0] = (11,-15,-3) &&= \text{diaschisma-schisma}, \\ \rho &= [0,0,1] = (-6,4,5) &&= \text{small diesis}, \end{aligned} \tag{3.1}$$

generate the tones, and relationships between the tones,

$$\begin{aligned}\mu/\lambda &= [-1,1,0] = (17,-24,-4) = \text{diaschisma-schisma/schisma},\\ \rho/\lambda &= [-1,0,1] = (0,-5,4) = \text{small diesis/schisma}\\ &= \text{minimal diesis},\\ \rho/\mu &= [0,-1,1] = (-17,19,8) = \text{small diesis/diaschischima-schisma}.\end{aligned} \tag{3.2}$$

4. The 7×7 Tonal Multiplication Table

The 7×7 tonal multiplication table provides a simple example, in terms of the familiar musical concepts, for the interrelationships between tones/intervals, and moreover illustrates the algebraic methods discussed in this article.

For the multiplication table 7 tones/intervals are chosen from within the full tone $T_1 (= [c,d])$, namely

$\mathbf{t}_1, \mathbf{t}_2$:

$$\begin{aligned}
c/c &= 1/1 = 1 = (0,0,0) = [0,0,0], && \text{unison},\\
\mathbf{p} &= 81/80 = (-1,3,-1) = [2,1,0], && \text{syntonic comma, Pythagorean vector},\\
\sharp &= 25/24 = (-2,1,2) = [3,2,1], && \text{minor chroma},\\
\flat_2 &= 16/15 = (2,-2,-1) = [6,4,1], && \text{leading tone step, minor diatonic semitone},\\
\flat_1 &= (1,1,-2) = [8,5,1], && \text{large limma, BP semitone},\\
T_2 &= 10/9 = (0,-1,1) = [9,6,2], && \text{minor whole tone},\\
T_1 &= 9/8 = (-1,2,0) = [11,7,2], && \text{major whole tone}.
\end{aligned} \tag{4.1}$$

The multiplication table then generates additional 6 tones/intervals within the interval T_1, namely the tones/intervals

$\mathbf{t}_3$:

$$\begin{aligned}
\sharp/\mathbf{p} &= 250/243 = (-1,-2,3) = [1,1,1]\\
&= T_2/\flat_1, && \text{maximal diesis},\\
\flat_2/\mathbf{p} &= 256/243 = (3,-5,0) = [4,3,1] = s_3, && \text{limma},\\
T_2/\mathbf{p} &= 800/729 = (1,-4,2) = [7,5,2], && \text{grave whole tone},
\end{aligned}$$

$$\flat_2/\sharp = 128/125 = (4,-3,-3) = [3,2,0], \qquad \text{minor diesis,}$$
$$\flat_1/\sharp = 648/625 = (3,0,-4) = [5,3,0], \qquad \text{major diesis,}$$
$$T_1/\flat_2 = 135/128 = (-3,4,1) = [5,3,1], \qquad \text{major chroma.} \quad (4.2)$$

Table 2a. 7×7 Tone Multiplication (Division) Table, Interval $c - d$, Major Whole Tone T_1

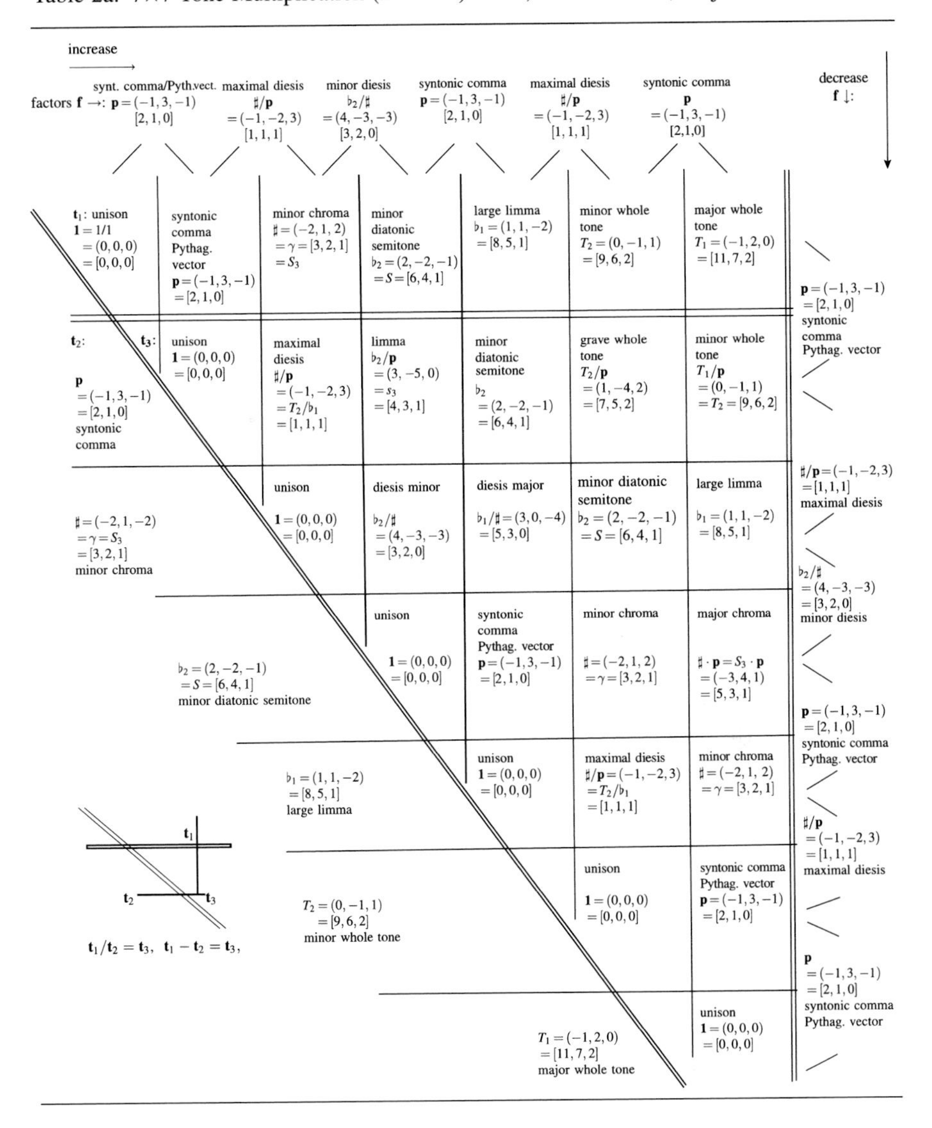

increase →

factors $\mathbf{f}$ →: synt. comma/Pyth.vect. $\mathbf{p}=(-1,3,-1)$ [2,1,0]; maximal diesis $\sharp/\mathbf{p}=(-1,-2,3)$ [1,1,1]; minor diesis $\flat_2/\sharp=(4,-3,-3)$ [3,2,0]; syntonic comma $\mathbf{p}=(-1,3,-1)$ [2,1,0]; maximal diesis $\sharp/\mathbf{p}=(-1,-2,3)$ [1,1,1]; syntonic comma $\mathbf{p}=(-1,3,-1)$ [2,1,0]

$\mathbf{t}_2$: / $\mathbf{t}_3$:	$\mathbf{t}_1$: unison $\mathbf{1}=1/1$ $=(0,0,0)$ $=[0,0,0]$	syntonic comma Pythag. vector $\mathbf{p}=(-1,3,-1)$ $=[2,1,0]$	minor chroma $\sharp=(-2,1,2)$ $=\gamma=[3,2,1]$ $=S_3$	minor diatonic semitone $\flat_2=(2,-2,-1)$ $=S=[6,4,1]$	large limma $\flat_1=(1,1,-2)$ $=[8,5,1]$	minor whole tone $T_2=(0,-1,1)$ $=[9,6,2]$	major whole tone $T_1=(-1,2,0)$ $=[11,7,2]$	decrease $\mathbf{f}$ ↓:
								$\mathbf{p}=(-1,3,-1)$ $=[2,1,0]$ syntonic comma Pythag. vector
$\mathbf{p}$ $=(-1,3,-1)$ $=[2,1,0]$ syntonic comma		unison $\mathbf{1}=(0,0,0)$ $=[0,0,0]$	maximal diesis $\sharp/\mathbf{p}$ $=(-1,-2,3)$ $=T_2/\flat_1$ $=[1,1,1]$	limma $\flat_2/\mathbf{p}$ $=(3,-5,0)$ $=s_3$ $=[4,3,1]$	minor diatonic semitone $\flat_2$ $=(2,-2,-1)$ $=[6,4,1]$	grave whole tone $T_2/\mathbf{p}$ $=(1,-4,2)$ $=[7,5,2]$	minor whole tone $T_1/\mathbf{p}$ $=(0,-1,1)$ $=T_2=[9,6,2]$	$\sharp/\mathbf{p}=(-1,-2,3)$ $=[1,1,1]$ maximal diesis
$\sharp=(-2,1,-2)$ $=\gamma=S_3$ $=[3,2,1]$ minor chroma			unison $\mathbf{1}=(0,0,0)$ $=[0,0,0]$	diesis minor $\flat_2/\sharp$ $=(4,-3,-3)$ $=[3,2,0]$	diesis major $\flat_1/\sharp=(3,0,-4)$ $=[5,3,0]$	minor diatonic semitone $\flat_2=(2,-2,-1)$ $=S=[6,4,1]$	large limma $\flat_1=(1,1,-2)$ $=[8,5,1]$	$\flat_2/\sharp$ $=(4,-3,-3)$ $=[3,2,0]$ minor diesis
$\flat_2=(2,-2,-1)$ $=S=[6,4,1]$ minor diatonic semitone				unison $\mathbf{1}=(0,0,0)$ $=[0,0,0]$	syntonic comma Pythag. vector $\mathbf{p}=(-1,3,-1)$ $=[2,1,0]$	minor chroma $\sharp=(-2,1,2)$ $=\gamma=[3,2,1]$	major chroma $\sharp\cdot\mathbf{p}=S_3\cdot\mathbf{p}$ $=(-3,4,1)$ $=[5,3,1]$	$\mathbf{p}=(-1,3,-1)$ $=[2,1,0]$ syntonic comma Pythag. vector
$\flat_1=(1,1,-2)$ $=[8,5,1]$ large limma					unison $\mathbf{1}=(0,0,0)$ $=[0,0,0]$	maximal diesis $\sharp/\mathbf{p}=(-1,-2,3)$ $=T_2/\flat_1$ $=[1,1,1]$	minor chroma $\sharp=(-2,1,2)$ $=\gamma=[3,2,1]$	$\sharp/\mathbf{p}$ $=(-1,-2,3)$ $=[1,1,1]$ maximal diesis
$T_2=(0,-1,1)$ $=[9,6,2]$ minor whole tone						unison $\mathbf{1}=(0,0,0)$ $=[0,0,0]$	syntonic comma Pythag. vector $\mathbf{p}=(-1,3,-1)$ $=[2,1,0]$	$\mathbf{p}$ $=(-1,3,-1)$ $=[2,1,0]$ syntonic comma Pythag. vector
$T_1=(-1,2,0)$ $=[11,7,2]$ major whole tone							unison $\mathbf{1}=(0,0,0)$ $=[0,0,0]$	

Table 2b

Multiplication Table 2a serves as an easily recognizable and understandable example for the general multiplication tables for tones (intervals) of the octave $c - c^1$. The table permits multiplication and division of tones (and equivalently addition and subtraction of the tonal vectors). For division (subtraction) holds $\mathbf{t}_1/\mathbf{t}_2 = \mathbf{t}_3$, with $\mathbf{t}_3$ given by the tone at the intersection of the vertical line from the tone $\mathbf{t}_1$ with the horizontal line from the tone $\mathbf{t}_2$. Similarly, for multiplication (addition) holds $\mathbf{t}_2 \cdot \mathbf{t}_3 = \mathbf{t}_1$, with $\mathbf{t}_2$ and $\mathbf{t}_3$ along a horizontal line and $\mathbf{t}_1$ given by the vertical line up. The factors **f** (vectors **f**) connecting neighboring tones are given on top, and to the right, of the multiplication table.

Table 2b lists the tones (intervals) which occur as entries in the 7×7 multiplication table shown in Table 2a. The 7 input tones represent 7 (familiar) tones selected, for the purpose of demonstration, from among the tones of the basic octave $c - c^1$. The resultant multiplication (division) table thus has 49 tones as entries. Symmetry considerations lead to a reduced multiplication table containing 28 tones as entries. Of these 28 tones 13 tones represent distinct tones, listed below. Of the 13 distinct tones 7 are the (arbitrarily selected) input tones, while 6 tones are generated by means of the multiplication table as a consequence of the (mathematical) properties of the musical tones. The generated tones represent the interrelationships which exist between the 13 tones of Table 2a.

For purposes of demonstration of the multiplication table, and moreover in order to clearly demonstrate the existing correlations between the various notations, the tones have been characterized by means of various types of notation, ranging from mathematical descriptions to ideographic description and description by means of tone names. Each of these notations has its advantages depending upon the type of calculation which is to be performed.

To summarize:

Input tones:

$\mathbf{1} = (0,0,0) = [0,0,0] = 1/1,$ unison,

$\mathbf{p} = (-1,3,-1) = [2,1,0] = 81/80,$ syntonic comma, Didymic comma, Pythagorean vector,

$\sharp = (-2,1,2) = [3,2,1] = 25/24,$ minor chroma, cis, γ, S_3,

$\flat_2 = (2,-2,-1) = [6,4,1] = 16/15,$ minor diatonic semitone, S,

$\flat_1 = (1,1,-2) = [8,5,1] = 27/25,$ large limma, des,

$T_2 = (0,-1,1) = [9,6,2] = 10/9,$ minor whole tone,

$T_1 = (-1,2,0) = [11,7,2] = 9/8,$ major whole tone.

Generated tones:

$\sharp/\mathbf{p} = (-1,-2,3) = [1,1,1] = 250/243 = T_2/\flat_1,$ maximal diesis,

$\flat_2/\mathbf{p} = (3,-5,0) = [4,3,1] = 256/243 = s_3,$ limma,

$T_2/\mathbf{p} = (1,-4,2) = [7,5,2] = 800/729,$ grave whole tone,

$\flat_2/\sharp = (4,-3,-3) = [3,2,0] = 128/125,$ minor diesis,

---

Table 2b (*continued*)

$\flat_1/\sharp = (3,0,-4) = [5,3,0] = 648/625,$	major diesis,
$T_1/\flat_2 = (-3,4,1) = [5,3,1] = 135/128,$	major chroma.

Def: "tuning basis"

$$(k_1,k_2,k_3) = (2/1)^{k_1}(3/2)^{k_2}(5/3)^{k_3}, \quad k_i \text{ integers}$$

$$(1,0,0) = 2/1 = \text{tone } c^1,$$

$$(0,1,0) = 3/2 = \text{tone } g,$$

$$(0,0,1) = 5/3 = \text{tone } a.$$

Def: "natural basis"

$[n,m,r] = \lambda^n\mu^m\rho^r,$	$n, m, r,$ integers,
$\lambda = (-6,9,1),$	schisma,
$\mu = (11,-15,-3),$	diaschisma-schisma,
$\rho = (-6,4,5),$	small diesis.

Relationship between the two bases:

$$[n,m,r] = (-6n+11m-6r, 9n-15m+4r, n-3m+5r),$$

$$(k_1,k_1,k_3) = [63k_1+37k_2+46k_3, 41k_1+24k_2+30k_3, 12k_1+7k_2+9k_3].$$

5. The 15 × 15 Multiplication Table for the Interval [*c*, *d*]

In this section the multiplication table for 15 subintervals of the major whole tone T_1, the interval [*c*, *d*], is discussed. The 15 subintervals have been chosen from Table 10.1 of [2]. The number #*n* of a tone in the multiplication table refers to the number of this tone given in Table 10.1. The particular choice of subintervals of [*c*, *d*] is motivated by the fact that these subintervals belong to the 116-tone musical system (the other musical subsystems being ignored in this context).

The choice of 15 input tones leads to a multiplication table containing 225 tonal entries. Using again symmetry arguments, the commutativity of multiplication, a reduced multiplication table containing 120 tonal entries is obtained. Among the 120 entries are 55 distinct tones/intervals, listed in Table 4. Thus, the algebraic properties of the 15 tones selected generate 40 additional tones within the interval [*c*, *d*]. The table represents a consistent tonal system, and clearly exhibits properties and relationships among the tones.

Table 3. 15×15 Multiplication Table for Musical Tones/Intervals (Addition/Subtraction). The number symbol # denotes the number of the tone as listed in Table 10.1 of ref. [2]. This list corresponds essentially to the list of tones obtained by RIEMANN, ref. [4]. The symbols **p**, S, S_1, S_2, etc., which occur in this table, refer to tonal interval systems which were discussed in ref. [2]

$c^1 = c = (2/1)$ $(n, m, r) = c^n g^m a^r$ $\lambda = (-6, 9, 1)$ $[n, m, r] = \lambda^n \mu^m \rho^r$

$g = (3/2)$ $\mu = (11, -15, -3)$

$a = (5/3)$ $\rho = (-6, 4, 5)$

$\mathbf{t}_2 \cdot \mathbf{t}_3 = \mathbf{t}_1$ (for details see also previous tables)

factors: f→	$\lambda=(-6,9,1)$ schisma	$\mu/\lambda=(17,-24,-4)$	$\lambda=(-6,9,1)$ schisma	$\lambda=(-6,9,1)$ schisma	$\lambda=(-6,9,1)$ schisma	$\rho/\lambda^3\mu=(1,-8,5)$ Kleisma-schisma	$\lambda^3\mu^2/\rho=(10,-7,-8)$ Wuerschmidt's comma	$\rho=(-6,4,5)$ small diesis
# of tone	#1	#2	#4	#5	#6	#7	#8	#9
tone $\mathbf{t}_1$:	$\mathbf{1}=(0,0,0)$ unison	$\lambda=(-6,9,1)$ schisma	$\mu=(11,-15,-3)$ diaschisma-schisma	$\lambda\mu=(5,-6,-2)$ diaschisma	$\lambda^2\mu=(-1,3,-1)$ syntonic comma, $=\mathbf{p}$	$\lambda^3\mu=(-7,12,0)$ Pythagorean comma, $=\mathbf{s}_1$	$\rho=(-6,4,5)$ small diesis	$\lambda^3\mu^2=(4,-3,-3)$ minor diesis, $=\mathbf{S}_1^{-1}\mathbf{p}^{-1}$
tone $\mathbf{t}_2$: $\lambda=(-6,9,1)$ schisma	tone $\mathbf{t}_3$:	$\mathbf{1}=(0,0,0)$ unison	$\mu/\lambda=(17,-24,-4)$	$\mu=(11,-15,-3)$ diaschisma-schisma	$\lambda\mu=(5,-6,-2)$ diaschisma	$\lambda^2\mu=(-1,3,-1)$ syntonic comma, $=\mathbf{p}$	$\rho/\lambda=(0,-5,4)$ minimal diesis	$\lambda^2\mu^2=(10,-12,-4)$ (diaschisma)^2
	$\mu=(11,-15,-3)$ diaschisma-schisma		$\mathbf{1}=(0,0,0)$ unison	$\lambda=(-6,9,1)$ schisma	$\lambda^2=(-12,18,2)$ (schisma)^2	$\lambda^3=(-18,27,3)$ (schisma)^3	$\rho/\mu=(-17,19,8)$	$\lambda^3\mu=(-7,12,0)$ Pythagorean comma, $=\mathbf{s}_1$
		$\lambda\mu=(5,-6,-2)$ diaschisma		$\mathbf{1}=(0,0,0)$ unison	$\lambda=(-6,9,1)$ schisma	$\lambda^2=(-12,18,2)$ (schisma)^2	$\rho/\lambda\mu=(-11,10,7)$ semicomma, Fokker's comma	$\lambda^2\mu=(-1,3,-1)$ syntonic comma, $=\mathbf{p}$
			$\lambda^2\mu=(-1,3,-1)$ syntonic comma, $=\mathbf{p}$		$\mathbf{1}=(0,0,0)$ unison	$\lambda=(-6,9,1)$ schisma	$\rho/\lambda^2\mu=(-5,1,6)$ Kleisma	$\lambda\mu=(5,-6,-2)$ diaschisma
				$\lambda^3\mu=(-7,12,0)$ Pythagorean comma, $=\mathbf{s}_1$		$\mathbf{1}=(0,0,0)$ unison	$\rho/\lambda^3\mu=(1,-8,5)$ Kleisma-schisma	$\mu=(11,-15,-3)$ diaschisma-schisma
					$\rho=(-6,4,5)$ small diesis		$\mathbf{1}=(0,0,0)$ unison	$\lambda^3\mu^2/\rho=(10,-7,-8)$ Wuerschmidt's comma
						$\lambda^3\mu^2=(4,-3,-3)$ minor diesis, $=\mathbf{S}_1^{-1}\mathbf{p}^{-1}$		$\mathbf{1}=(0,0,0)$ unison
							$\lambda^3\mu^2\rho=(-2,1,2)$ minor chroma, $=\mathbf{S}_3=\boldsymbol{\gamma}$	
								$\lambda^4\mu^3\rho=(3,-5,0)$ limma, $=\mathbf{s}_3=\boldsymbol{\alpha}$

Table 3 (*continued*)

$\lambda\mu=(5,-6,-2)$ diaschisma	$\lambda=(-6,9,1)$ schisma	$\lambda\mu=(5,-6,-2)$ diaschisma	$\lambda^2\mu=(-1,3,-1)$ syntonic comma, $=\mathbf{p}$	$\lambda\mu\rho=(-1,-2,3)$ maximal diesis	$\lambda^2\mu=(-1,3,-1)$ syntonic comma, $=\mathbf{p}$		**factors:** f↓
#14	#16	#17	#19	#23	#28	#31	
$\lambda^3\mu^2\rho=$ $(-2,1,2)$ minor chroma, $=\mathbf{S}_3=\boldsymbol{\gamma}$	$\lambda^4\mu^3\rho=$ $(3,-5,0)$ limma, $=\mathbf{s}_3=\boldsymbol{\alpha}$	$\lambda^5\mu^3\rho=$ $(-3,4,1)$ major chroma, major limma	$\lambda^6\mu^4\rho=$ $(2,-2,-1)$ minor diatonic semitone, $=\mathbf{S}$	$\lambda^8\mu^5\rho=$ $(1,1,-2)$ large limma, BP sm. semitone, $\mathbf{S}_2$	$\lambda^9\mu^6\rho^2=$ $(0,-1,1)$ minor whole tone, $=\mathbf{T}_2$	$\lambda^{11}\mu^7\rho^2=$ $(-1,2,0)$ major whole tone, $=\mathbf{T}_1$	$1/\lambda=$ $(6,-9,-1)$
$\lambda^2\mu^2\rho=$ $(4,-8,1)$ grave minor second	$\lambda^3\mu^3\rho=$ $(9,-14,-1)$	$\lambda^4\mu^3\rho=$ $(3,-5,0)$ limma, $=\mathbf{s}_3=\boldsymbol{\alpha}$	$\lambda^5\mu^4\rho=$ $(8,-11,-2)$	$\lambda^7\mu^5\rho=$ $(7,-8,-3)$	$\lambda^8\mu^6\rho^2=$ $(6,-10,0)$ Pythag. diminished third	$\lambda^{10}\mu^7\rho^2=$ $(5,-7,-1)$	$\lambda/\mu=$ $(-17,24,4)$
$\lambda^3\mu\rho=$ $(-13,16,5)$	$\lambda^4\mu^2\rho=$ $(-8,10,3)$	$\lambda^5\mu^3\rho=$ $(-14,19,4)$	$\lambda^6\mu^3\rho=$ $(-9,13,2)$	$\lambda^8\mu^4\rho=$ $(-10,16,1)$	$\lambda^9\mu^5\rho^2=$ $(-11,14,4)$	$\lambda^{11}\mu^6\rho^2=$ $(-12,17,3)$	$1/\lambda=$ $(6,-9,-1)$
$\lambda^2\mu\rho=$ $(-7,7,4)$	$\lambda^3\mu^2\rho$ $=(-2,1,2)$ minor chroma, $=\mathbf{S}_3=\boldsymbol{\gamma}$	$\lambda^4\mu^2\rho=$ $(-8,10,3)$	$\lambda^5\mu^3\rho$ $=(-3,4,1)$ major chroma, major limma	$\lambda^7\mu^4\rho=$ $(-4,7,0)$ apotome	$\lambda^8\mu^5\rho^2$ $=(-5,5,3)$ double augmented prime	$\lambda^{10}\mu^6\rho^2=$ $(-6,8,2)$ (maj. chroma)^2	$1/\lambda=$ $(6,-9,-1)$
$\lambda\mu\rho=$ $(-1,-2,3)$ maximal diesis	$\lambda^2\mu^2\rho=$ $(4,-8,1)$ grave minor second	$\lambda^3\mu^2\rho=$ $(-2,1,2)$ minor chroma, $=\mathbf{S}_3=\boldsymbol{\gamma}$	$\lambda^4\mu^3\rho=$ $(3,-5,0)$ limma, $=\mathbf{s}_3=\boldsymbol{\alpha}$	$\lambda^6\mu^4\rho=$ $(2,-2,-1)$ minor diatonic semitone, $=\mathbf{S}$	$\lambda^7\mu^5\rho^2=$ $(1,-4,2)$ grave whole tone	$\lambda^9\mu^6\rho^2=$ $(0,-1,1)$, minor whole tone, $=\mathbf{T}_2$	$1/\lambda=$ $(6,-9,-1)$
$\mu\rho$ $=(5,-11,2)$	$\lambda\mu^2\rho=$ $(10,-17,0)$ Pythag. double dim. third	$\lambda^2\mu^2\rho=$ $(4,-8,1)$ grave minor second	$\lambda^3\mu^3\rho=$ $(9,-14,-1)$	$\lambda^5\mu^4\rho=$ $(8,-11,-2)$	$\lambda^6\mu^5\rho^2=$ $(7,-13,1)$	$\lambda^8\mu^6\rho^2=$ $(6,-10,0)$	$\lambda^3\mu/\rho=$ $(-1,8,-5)$
$\lambda^3\mu^2=$ $(4\ -3,-3)$ minor diesis, $=\mathbf{S}_1^{-1}\mathbf{p}^{-1}$	$\lambda^4\mu^3=$ $(9,-9,-5)$	$\lambda^5\mu^3=(3,0,-4)$ major diesis, $=S_1^{-1}$	$\lambda^6\mu^4=$ $(8,-6,-6)$ (min. diesis)^2	$\lambda^8\mu^5=$ $(7,-3,-7)$	$\lambda^9\mu^6\rho=$ $(6,-5,-4)$ double dim. third	$\lambda^{11}\mu^7\rho=$ $(5,-2,-5)$	$\rho/\lambda^3\mu^2=$ $(-10,7,8)$
$\rho=(-6,4,5)$ small diesis	$\lambda\mu\rho=$ $(-1,-2,3)$ maximal diesis	$\lambda^2\mu\rho=$ $(-7,7,4)$	$\lambda^3\mu^2\rho=(-2,1,2)$ minor chroma, $=\mathbf{S}_3=\boldsymbol{\gamma}$	$\lambda^5\mu^3\rho=$ $(-3,4,1)$ major chroma, major limma	$\lambda^6\mu^4\rho^2=$ $(-4,2,4)$ BP great semitone	$\lambda^8\mu^5\rho^2$ $=(-5,5,3)$ double augmented prime	$1/\rho=$ $(6,-4,-5)$
$\mathbf{1}=(0,0,0)$ unison	$\lambda\mu=$ $(5,-6,-2)$ diaschisma	$\lambda^2\mu=$ $(-1,3,-1)$ syntonic comma, $=\mathbf{p}$	$\lambda^3\mu^2=$ $(4,-3,-3)$ minor diesis, $=\mathbf{S}_1^{-1}\mathbf{p}^{-1}$	$\lambda^5\mu^3=$ $(3,\ 0,-4)$ major diesis, $\mathbf{S}_1^{-1}$	$\lambda^6\mu^4\rho=$ $(2,-2,-1)$ minor diatonic semitone, $=\mathbf{S}$	$\lambda^8\mu^5\rho=$ $(1,1,-2)$ large limma, BP sm. semitone, $\mathbf{S}_2$	$1/\lambda\mu=$ $(-5,6,2)$
	$\mathbf{1}=(0,0,0)$ unison	$\lambda=(-6,9,1)$ schisma	$\lambda^2\mu=(-1,3,-1)$ syntonic comma, $=\mathbf{p}$	$\lambda^4\mu^2=(-2,6,-2)$ Mathieu superdiesis	$\lambda^5\mu\ \rho=(-3,4,1)$ major chroma, major limma	$\lambda^7\mu^4\rho=$ $(-4,7,0)$ apotome	$1/\lambda=$ $(6,-9,-1)$
$\lambda^5\mu^3\rho=(-3,4,1)$ major chroma, major limma		$\mathbf{1}=(0,0,0)$ unison	$\lambda\mu=(5,-6,-2)$ diaschisma	$\lambda^3\mu^2=(4,-3,-3)$ minor diesis, $=\mathbf{S}_1^{-1}\mathbf{p}^{-1}$	$\lambda^4\mu^3\rho=$ $(3,-5,0)$ limma, $=\mathbf{s}_3=\boldsymbol{\alpha}$	$\lambda^6\mu^4\rho=$ $(2,-2,-1)$ minor diatonic semitone, $=\mathbf{S}$	$1/\lambda\mu=$ $(-5,6,2)$
	$\lambda^6\mu^4\rho=$ $(2,-2,-1)$ minor diatonic semitone, $=\mathbf{S}$		$\mathbf{1}=(0,0,0)$ unison	$\lambda^2\mu=(-1,3,-1)$ syntonic comma, $=\mathbf{p}$	$\lambda^3\mu^2\rho=(-2,1,2)$ minor chroma, $=\mathbf{S}_3=\boldsymbol{\gamma}$	$\lambda^5\mu^3\rho=(-3,4,1)$ major chroma, major limma	$1/\lambda^2\mu=$ $(1,-3,1)$
		$\lambda^8\mu^5\rho=(1,1,-2)$ large limma, BP sm. semitone, $\mathbf{S}_2$		$\mathbf{1}=(0,0,0)$ unison	$\lambda\mu\rho=$ $(-1,-2,3)$ maximal diesis	$\lambda^3\mu^2\rho=(-2,1,2)$ minor chroma, $=\mathbf{S}_3=\boldsymbol{\gamma}$	$1/\lambda\mu\rho=$ $(1,2,-3)$
			$\lambda^9\mu^6\rho^2=(0,-1,1)$ minor whole tone, $=\mathbf{T}_2$		$\mathbf{1}=(0,0,0)$ unison	$\lambda^2\mu=(-1,3,-1)$ syntonic comma, $=\mathbf{p}$	$1/\lambda^2\mu=$ $(1,-3,1)$
				$\lambda^{11}\mu^7\rho^2=(-1,2,0)$ major whole tone, $=\mathbf{T}_1$		$\mathbf{1}=(0,0,0)$ unison	

Table 4. List of 55 Intervals of Multiplication Table 3

The second column of this table lists the intervals in algebraic form best suited to exhibit the relationships between the intervals. The third column lists the intervals as lattice points of the lattice with basis λ, μ, ρ. The fifth column lists the intervals as lattice points in the lattice with basis (2/1), (3/2), (5/3) from which the quotients, given in the second to last column, are easily obtained. The numeral following a semicolon indicates the power of a factor 10 which cancels in the particular quotient. Finally, the last column lists the name of an interval as given in standard musical terminology. If no name for an interval is listed in this column then no standard name has been assigned to this interval. These intervals can be expressed in various forms in terms of the other intervals as is easily seen from the algebraic properties listed in column 2. The symbols S, s, T, α, γ, p refer to musical systems discussed in ref. [1]

# of int.	$\lambda\mu\rho$ as factors	$\lambda\mu\rho$ basis as vectors	Numerical value of ν'/ν	(2/1)(3/2)(5/3) basis	Frequency ratio ν'/ν	Name of interval
#1	1	$[0,0,0]$	1.000 000 00	$(0,0,0)$	1/1	unison
#2	λ	$[1,0,0]$	1.001 129 15	$(-6,9,1)$	32,805/32,768	schisma
#3	λ^2	$[2,0,0]$	1.002 259 58	$(-12,18,2)$	1.076 168/1.073 742 ;9	$(\text{schisma})^2$
#4	λ^3	$[3,0,0]$	1.003 391 28	$(-18,27,3)$	3.530 369/3.518 437 ;13	$(\text{schisma})^3$
#5	$\rho/\lambda^3\mu$	$[-3,-1,1]$	1.003 560 76	$(1,-8,5)$	1.600 000/1.594 323 ;6	Kleisma-schisma
#6	$\rho/\lambda^2\mu$	$[-2,-1,1]$	1.004 693 93	$(-5,1,6)$	15,625/15,552	Kleisma
#7	$\rho/\lambda\mu$	$[-1,-1,1]$	1.005 828 38	$(-11,10,7)$	2.109 375/2.097 152 ;6	Fokker's comma, semicomma
#8	$\lambda^3\mu^2/\rho$	$[3,2,-1]$	1.006 632 96	$(10,-7,-8)$	393,216/390,625	Wuerschmidt's comma
#9	ρ/μ	$[0,-1,1]$	1.006 964 11	$(-17,19,8)$	6.919 805/6.871 948 ;10	
#10	μ/λ	$[-1,1,0]$	1.009 077 94	$(17,-24,-4)$	2.199 023/2.179 240 ;12	
#11	μ	$[0,1,0]$	1.010 217 34	$(11,-15,-3)$	6.710 886/6.643 012 ;7	diaschisma-schisma
#12	$\lambda\mu$	$[1,1,0]$	1.011 358 02	$(5,-6,-2)$	2,048/2,025	diaschisma
#13	$\lambda^2\mu$	$[2,1,0]$	1.012 500 00	$(-1,3,-1)$	81/80	syntonic comma, Pythagorean vector p, Didymic comma
#14	$\lambda^3\mu$	$[3,1,0]$	1.013 643 26	$(-7,12,0)$	531,441/524,288	Pythagorean comma, ditonic comma, s_1

Table 4 (*continued*)

# of int.	$\lambda\mu\rho$ as factors	$\lambda\mu\rho$ basis as vectors	Numerical value of ν'/ν	(2/1)(3/2)(5/3) basis	Frequency ratio ν'/ν	Name of interval
#15	ρ/λ	$[-1, 0, 1]$	1.016 105 27	$(0, -5, 4)$	20,000/19,683	minimal diesis
#16	ρ	$[0, 0, 1]$	1.017 252 60	$(-6, 4, 5)$	3,125/3,072	small diesis
#17	$\lambda^2\mu^2$	$[2, 2, 0]$	1.022 845 05	$(10, -12, -4)$	4.194 304/4.100 625 ;6	(diaschisma)^2
#18	$\lambda^3\mu^2$	$[3, 2, 0]$	1.024 000 00	$(4, -3, -3)$	128/125	minor diesis, diesis, $S_1^{-1}p^{-1}$
#19	$\lambda^4\mu^2$	$[4, 2, 0]$	1.025 156 25	$(-2, 6, -2)$	6,561/6,400	Mathieu superdiesis, (syntonic comma)^2
#20	$\mu\rho$	$[0, 1, 1]$	1.027 646 22	$(5, -11, 2)$	1,638,400/1,594,323	
#21	$\lambda\mu\rho$	$[1, 1, 1]$	1.028 065 88	$(-1, -2, 3)$	250/243	maximal diesis
#22	$\lambda^2\mu\rho$	$[2, 1, 1]$	1.029 968 26	$(-7, 7, 4)$	16,875/16,384	
#23	$\lambda^3\mu\rho$	$[3, 1, 1]$	1.031 131 25	$(-13, 16, 5)$	5.535 844/5.368 709 ;8	
#24	$\lambda^4\mu^3$	$[4, 3, 0]$	1.035 630 62	$(9, -9, -5)$	262,144/253,125	
#25	$\lambda^5\mu^3$	$[5, 3, 0]$	1.036 800 00	$(3, 0, -4)$	648/625	major diesis, S_1^{-1}
#26	$\lambda\mu^2\rho$	$[1, 2, 1]$	1.039 318 25	$(10, -17, 0)$	1.342 177/1.291 402 ;8	Pythagorean double diminished third, s_2
#27	$\lambda^2\mu^2\rho$	$[2, 2, 1]$	1.040 491 79	$(4, -8, 1)$	20,480/19,683	grave minor second
#28	$\lambda^3\mu^2\rho$	$[3, 2, 1]$	1.041 666 67	$(-2, 1, 2)$	25/24	minor chroma, classic chromatic semitone, S_3, γ
#29	$\lambda^4\mu^2\rho$	$[4, 2, 1]$	1.042 842 86	$(-8, 10, 3)$	273,375/262,144	
#30	$\lambda^5\mu^2\rho$	$[5, 2, 1]$	1.044 020 39	$(-14, 19, 4)$	8.968 067/8.589 935 ;9	
#31	$\lambda^6\mu^4$	$[6, 4, 0]$	1.048 576 00	$(8, -6, -6)$	16,384/15,625	
#32	$\lambda^3\mu^3\rho$	$[3, 3, 1]$	1.052 309 73	$(9, -14, -1)$	8,388,608/7,971,615	
#33	$\lambda^4\mu^3\rho$	$[4, 3, 1]$	1.053 497 94	$(3, -5, 0)$	256/243	limma, Pyth. min. second, s_3, α
#34	$\lambda^5\mu^3\rho$	$[5, 3, 1]$	1.054 687 50	$(-3, 4, 1)$	135/128	major chroma major limma

(*continued*)

Table 4 (*continued*)

# of int.	$\lambda\mu\rho$ as factors	$\lambda\mu\rho$ basis as vectors	Numerical value of ν'/ν	(2/1)(3/2)(5/3) basis	Frequency ratio ν'/ν	Name of interval
#35	$\lambda^6\mu^3\rho$	$[6,3,1]$	1.055 878 40	$(-9,13,2)$	4,428,675/4,194 304	
#36	$\lambda^8\mu^5$	$[8,5,0]$	1.061 683 20	$(7,-3,-7)$	82,944/78,125	
#37	$\lambda^5\mu^4\rho$	$[5,4,1]$	1.065 463 60	$(8,-11,-2)$	524,288/492,075	
#38	$\lambda^6\mu^4\rho$	$[6,4,1]$	1.066 666 67	$(2,-2,-1)$	16/15	minor diatonic semitone, S
#39	$\lambda^7\mu^4\rho$	$[7,4,1]$	1.067871 09	$(-4,7,0)$	2,187/2,048	apotome
#40	$\lambda^8\mu^4\rho$	$[8,4,1]$	1.069 076 88	$(-10,16,1)$	7.174 553/6.710 886 ;7	
#41	$\lambda^7\mu^5\rho$	$[7,5,1]$	1.078 781 89	$(7,-8,-3)$	32,768/30,375	
#42	$\lambda^8\mu^5\rho$	$[8,5,1]$	1.080 000 00	$(1,1,-2)$	27/25	large limma, BP small semitone
#43	$\lambda^6\mu^4\rho^2$	$[6,4,2]$	1.085 069 44	$(-4,2,4)$	625/576	BP great semitone
#44	$\lambda^9\mu^6\rho$	$[9,6,1]$	1.092 266 67	$(6,-5,-4)$	2,048/1,875	double diminished third
#45	$\lambda^6\mu^5\rho^2$	$[6,5,2]$	1.096 155 97	$(7,-13,1)$	5.242 88/4.782 969 ;6	
#46	$\lambda^7\mu^5\rho^2$	$[7,5,2]$	1.097 393 69	$(1,-4,2)$	800/729	grave whole tone
#47	$\lambda^8\mu^5\rho^2$	$[8,5,2]$	1.098 632 81	$(-5,5,3)$	1,125/1,024	double augmented prime
#48	$\lambda^9\mu^5\rho^2$	$[9,5,2]$	1.099 873 33	$(-11,14,4)$	3.690 562/3.355 443 ;7	
#49	$\lambda^{11}\mu^7\rho$	$[11,7,1]$	1.105 920 00	$(5,-2,-5)$	3,456/3,125	
#50	$\lambda^8\mu^6\rho^2$	$[8,6,2]$	1.109 857 91	$(6,-10,0)$	65,536/59,049	Pyth. diminished third
#51	$\lambda^9\mu^6\rho^2$	$[9,6,2]$	1.111 111 11	$(0,-1,1)$	10/9	minor whole tone T_2
#52	$\lambda^{10}\mu^6\rho^2$	$[10,6,2]$	1.112 365 72	$(-6,8,2)$	18,225/16,384	
#53	$\lambda^{11}\mu^6\rho^2$	$[11,6,2]$	1.113 621 75	$(-12,17,3)$	5.978 711/5.368 709 ;8	
#54	$\lambda^{10}\mu^7\rho^2$	$[10,7,2]$	1.123 731 14	$(5,-7,-1)$	4,096/3,645	
#55	$\lambda^{11}\mu^7\rho^2$	$[11,7,2]$	1.125 000 00	$(-1,2,0)$	9/8	major whole tone T_1

A few examples will illustrate the properties among tones as given by the table:

$$\mathbf{t} = [n, m, r] = \lambda^n \mu^m \rho^r, \qquad n, m, r \text{ integers},$$

$$\begin{aligned}
\underset{\substack{(-1,3,-1)\\ \text{Pythag./vector}\\ \text{syntonic comma}}}{\lambda^2\mu} &= \underset{\substack{(2,-2,-1)\\ \text{semitone } S}}{\lambda^6\mu^4\rho} \;/\; \underset{\substack{(3,-5,0)\\ \text{limma}}}{\lambda^4\mu^3\rho} = \underset{\substack{(-3,4,1)\\ \text{major chroma}\\ \text{major limma}}}{\lambda^5\mu^3\rho} \;/\; \underset{\substack{(-2,1,2)\\ \text{minor chroma}}}{\lambda^3\mu^2\rho} \\
&= \underset{\substack{(1,1,-2)\\ \text{large limma}\\ \text{BP small semitone}}}{\lambda^8\mu^5\rho} \;/\; \underset{\substack{(2,-2,-1)\\ \text{minor diatonic}\\ \text{semitone}}}{\lambda^6\mu^4\rho} = \underset{\substack{(-1,2,0)\\ \text{major whole tone}}}{\lambda^{11}\mu^7\rho^2} \;/\; \underset{\substack{(0,-1,1)\\ \text{minor whole tone}}}{\lambda^9\mu^6\rho^2} \\
&= \underset{\substack{(4,-3,-3)\\ \text{minor diesis}}}{\lambda^3\mu^2} \;/\; \underset{\substack{(5,-6,-2)\\ \text{diaschisma}}}{\lambda\mu} = \underset{\substack{(-7,12,0)\\ \text{Pythag. comma}}}{\lambda^3\mu} \;/\; \underset{\substack{(-6,9,1)\\ \text{schisma}}}{\lambda},
\end{aligned} \tag{5.1}$$

$$\begin{aligned}
\mu\,(\text{diaschisma-schisma}) &= (\lambda\mu)^2\,(\text{diaschisma})^2/(\lambda^2\mu)\,\text{syntonic comma} \\
&= (\lambda^3\mu^2)\,\text{diesis minor}/(\lambda^3\mu)\,\text{Pythagorean comma},
\end{aligned} \tag{5.2}$$

$$\begin{aligned}
\rho/\mu &= (\lambda^5\mu^3\rho)\text{ major chroma}/(\lambda^3\mu^2)\text{ minor diesis}\cdot(\lambda\mu)\text{ diaschisma} \\
&\quad\cdot(\lambda\mu\rho)\text{ maximal diesis} \\
&= (\lambda^3\mu)\text{ Pythagorean comma}/(\lambda^3\mu\rho)\text{ Wuerschmidt's comma} \\
&= (\rho)\text{ small diesis} \\
&\quad\cdot(\lambda^3\mu)\text{ Pythagorean comma}/(\lambda^3\mu^2)\text{ diesis minor},
\end{aligned} \tag{5.3}$$

$$\begin{aligned}
\lambda\,(\text{schisma}) &= (\lambda^3\mu^2\rho)\text{ minor chroma}/(\lambda\mu\rho)\text{ maximal diesis} \\
&\quad\cdot(\lambda\mu)\text{ diaschisma} \\
&= (\rho/\lambda\mu)\text{ Fokker's comma}/(\rho/\lambda^2\mu)/\text{Kleisma},
\end{aligned} \tag{5.4}$$

etc.

Given any two tones $\mathbf{t}_3$, $\mathbf{t}'_3$, these tones can be connected by means of a **consecutive** sequence of **adjacent** factors $f\!\rightarrow$, $f\!\downarrow$, leading to a **factorization of tones**,

$$\mathbf{t}'_3 \cdot f\!\rightarrow \cdot f\!\rightarrow \cdot f\!\downarrow \cdot f\!\rightarrow \cdots = \mathbf{t}_3. \tag{5.5}$$

For example,

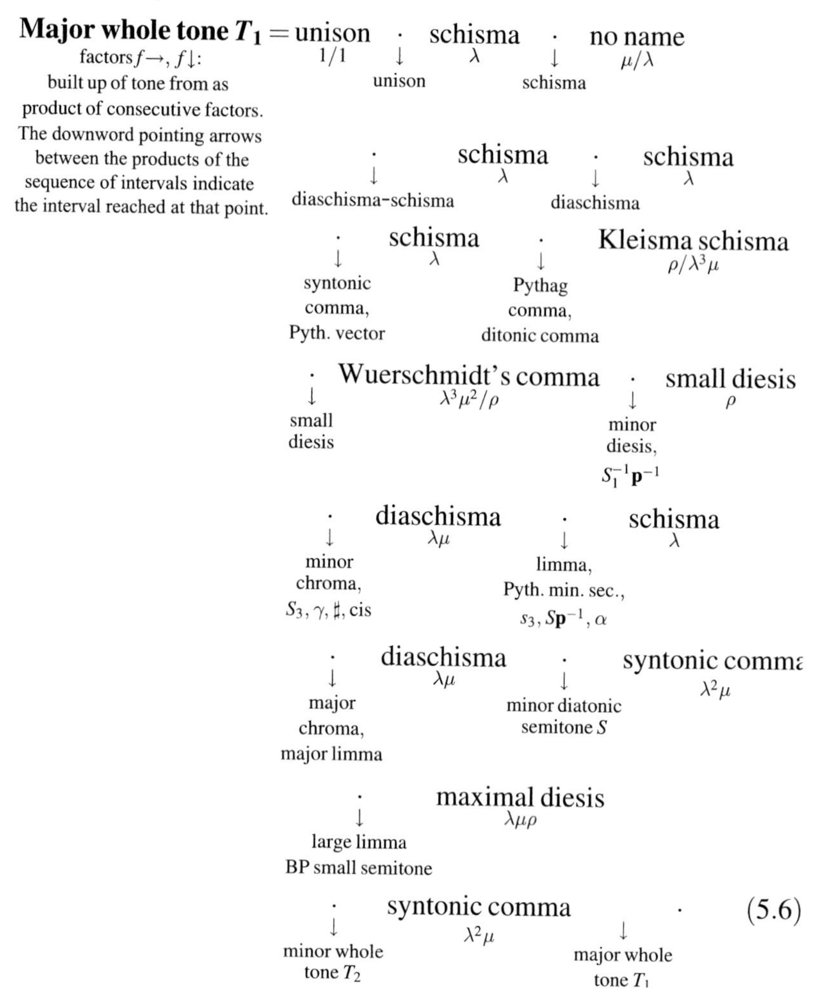

6. The Octave Multiplication Table

The Multiplication Table 3 is limited to the interval $[c, d]$. It will be shown in this section that this table can be used, with minor modification, for the tones/intervals of the entire octave. This is achieved by using again symmetry considerations, namely translations in the musical lattice space.

Table 5 illustrates the procedure. In this table the small triangle in the uppermost left corner represents Table 3. This triangle,

Table 5. Multiplication-Division Table for Full Octave. This table represents the **reduced** multiplication table for the 116 tones/intervals of the octave. (The full table would contain 116×116 entries.) Note that the tones/intervals of T_2 and S form subsets of the set of tones of T_1. T_1 = major whole tone, T_2 = minor whole tone, S = minor diatonic semitone, $(n, m, r) = (2/1)^n(3/2)^m(5/3)^r = (c^1)^n(g)^m(c^1)^r, c^1 = 2/1, g = 3/2, a = 5/3$

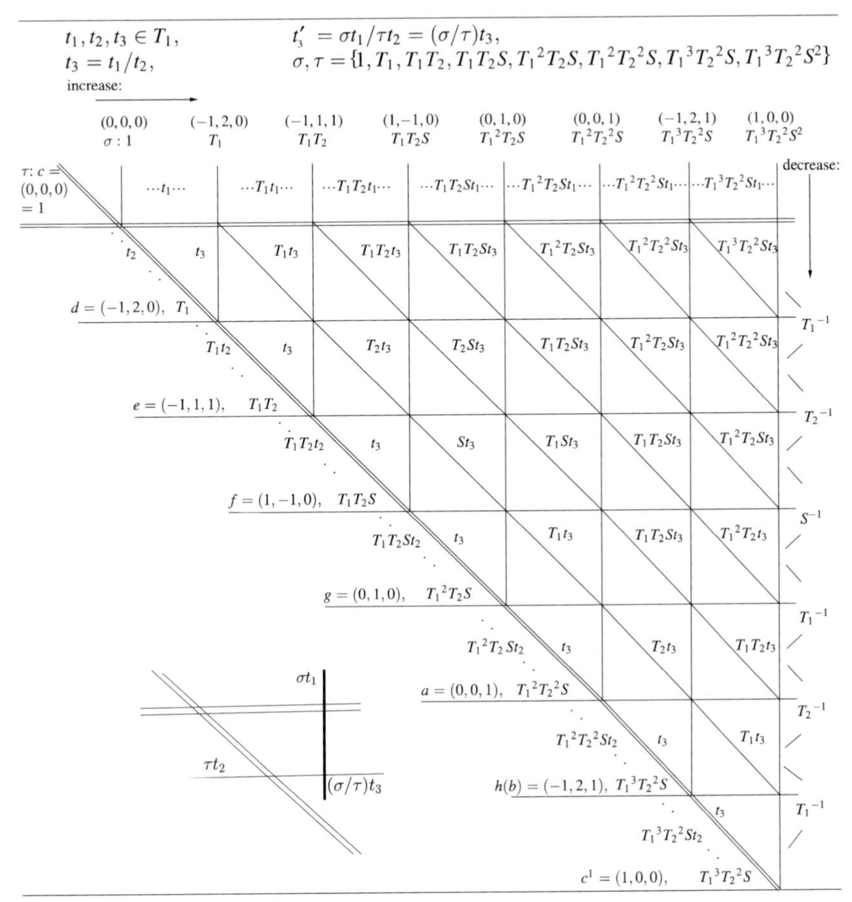

corresponding to the reduced Multiplication Table 3 for the interval $[c, d]$, can be translated to any point in the musical lattice. These translations are indicated by the other triangles of the diagram.

Such a shift (translation) of the basic trangle, namely Table 3, is achieved by means of a **constant** multiplicative factor (or equivalently, using the vector notation for the musical tones, by means of an addition of a constant vector to the tonal vectors of Table 3). That is

$$\mathbf{t}_1 \to \sigma\mathbf{t}_1, \qquad \mathbf{t}_2 \to \tau\mathbf{t}_2, \qquad \mathbf{t}_3 \to (\sigma/\tau)\mathbf{t}_3$$

with

$$\begin{aligned}\sigma,\tau = \ &\in \{\mathbf{1}, T_1, T_2, T_1T_2, T_1T_2S, T_1^2T_2S, T_1^2T_2^2S, T_1^3T_2^2S\}\\ &= \{(0,0,0) = c, (-1,2,0) = d, (-1,1,1) = e, (1,-1,0) = f,\\ &\quad (0,1,0) = g, (0,0,1) = a, (-1,2,1) = h(b)\},\end{aligned}$$

$$\begin{aligned}T_1 &= (-1,2,0) = [11,7,2], &&\text{major whole tone},\\ T_2 &= (0,-1,1) = [9,6,2], &&\text{minor whole tone},\\ S &= (2,-2,-1) = [6,4,1], &&\text{semitone}.\end{aligned} \tag{6.1}$$

The interval T_1 contains more subintervals than the intervals T_2 and S. Thus $T_1 \cdot \mathbf{t}_1, \mathbf{t}_2 \in T_1$, will produce some tones which belong to the next adjacent interval. These outside lying tones need to be ignored if attention is focused on the tones of a specific interval only.

Given any two tones/intervals $\mathbf{t}'_1$, $\mathbf{t}'_2$, of the octave $[c, c^1]$ these two tones can be mapped upon two tones $\mathbf{t}_1, \mathbf{t}_2$, of the interval $[c, d]$, the major whole tone T_1,

$$\mathbf{t}'_1 = \sigma\mathbf{t}_1, \qquad \mathbf{t}'_2 = \tau\mathbf{t}_2. \tag{6.2}$$

The (basic) Multiplication Table 3 for the interval $[c, d]$ however yields

$$\mathbf{t}_3 = \mathbf{t}_1/\mathbf{t}_2 \tag{6.3}$$

and thus

$$\mathbf{t}'_3 = \mathbf{t}'_1/\mathbf{t}'_2 = (\sigma/\tau)(\mathbf{t}_1/\mathbf{t}_2) = (\sigma/\tau)\mathbf{t}_3. \tag{6.4}$$

Thus the product/division of any pair of tones $\mathbf{t}'_1, \mathbf{t}'_2$ from within any given interval, or from within two distinct intervals, can be reduced to a product of tones $\mathbf{t}_1, \mathbf{t}_2$ of the basic interval, Table 3 (and ultimately to the property of the tones λ, μ, ρ of the natural basis, Table 1).

An example will illustrate this property: Choosing

$$\mathbf{t}'_1 = (4,-4,-1) \in [h(b), c^1], \qquad \sigma = h(b) = T_1^3T_2^2S = (-1,2,1), \tag{6.5}$$

with $\mathbf{t}'_1$ the **diminished octave**. The tone/subinterval $\mathbf{t}_1 \in [c, d]$ corresponding to the tone $\mathbf{t}'_1$ is then given as

$$\mathbf{t}_1 = \mathbf{t}'_1/\sigma = (4, -4, -1) - (-1, 2, -1) = (5, 6, -2) \in [c, d],$$

the **diaschisma**. For $\mathbf{t}'_2$ the tone/interval is chosen as

$$\mathbf{t}'_2 = (-1, 0, 2) \in [f, g], \qquad \tau = f = T_1 T_2 S = (1, -1, 0), \tag{6.6}$$

with $\mathbf{t}'_2$ the **minor augmented fourth**. The corresponding tone/interval $\mathbf{t}_2 \in [c, d]$ is given as

$$\mathbf{t}_2 = \mathbf{t}'_2/\tau = (-1, 0, 2) - (1, -1, 0) = (-2, 1, 2) \in [c, d], \tag{6.7}$$

with $\mathbf{t}_2$ the **minor chroma**. Then

$$\mathbf{t}'_3 = (-2, 3, 1)\mathbf{t}_3, \tag{6.8}$$

with $(-2, 3, 1)$ the **diatonic tritone**. The tone $\mathbf{t}_3$, taken from Table 3 for $[c, d]$, is given as

$$\begin{aligned} \mathbf{t}_3 = \mathbf{t}_1/\mathbf{t}_2 &= (5, -6, -2) - (-2, 1, 2) = (7, -7, -4) \\ &= (1/(-7, 7, 4)). \end{aligned} \tag{6.9}$$

The ratio $\mathbf{t}'_3$ of the tones $\mathbf{t}'_1$ and $\mathbf{t}'_2$ is given as

$$\mathbf{t}'_3 = (-2, 3, 1) + (7, -7, -4) = (5, -4, -3), \quad \text{the } \textbf{double diminished fifth}. \tag{6.10}$$

Thus the following properties have been obtained:

$$\begin{aligned} &\textbf{diminished octave } (4, -4, -1)/\textbf{classic augmented fourth } (-1, 0, 2) \\ &\quad = \textbf{diatonic tritone } (-2, 3, 1) \\ &\qquad \cdot (\textbf{diashisma } (5, -6, -2)/\textbf{minor chroma } (-2, 1, 2)) \\ &\quad = \textbf{double diminished fifth } (5, -4, -3), \\ &\textbf{major chroma } (-3, 4, 1)/\textbf{minor diesis } (4, -3, -3) \\ &\quad = (-7, 7, 4) = \textbf{minor chroma } (-2, 1, 2)/\textbf{diashisma } (5, -6, -2). \end{aligned} \tag{6.11}$$

Acknowledgments

The author wishes to thank Dieter Flury, Miguel Paramo Lorente, Peter Kramer, Olaya Fernandez Herrero and Gonzalo Fernandez de la Gandara for their interest and comments.

References

[1] GRUBER, B. J. (2005) Mathematical-Physical Properties of Musical Tone Systems. Sitzungsber. Öst. Akad. Wiss. Wien, math.-nat. Kl., Abt. II **214**: 43–79
[2] GRUBER, B. J. (2006) Mathematical-Physical Properties of Musical Tone Systems. II: Applications. Sitzungsber. Öst. Akad. Wiss. Wien, math.-nat. Kl., Abt. II **215**: 45–105
[3] MAZZOLA, G. (1990) Geometrie der Töne. Birkhäuser, Basel
[4] RIEMANN, H. (1970) Dictionary of Music, pp. 796–801. Angerer & Co, London; Da Capo Press, New York (Music Theory Reprint Series)
[5] HUYGENS-FOKKER, S.: List of Intervals [http://www.xs4all.nl/~huygensf/doc/intervals.html]

Author's address: Prof. Bruno J. Gruber, Emeritus, College of Science, Southern Illinois University, Mailcode 4403, Carbondale, IL 62901, USA. E-Mail: Gruber@siu.edu.

Sitzungsber. Abt. II (2008) 217: 37–45

Sitzungsberichte
Mathematisch-naturwissenschaftliche Klasse Abt. II
Mathematische, Physikalische und Technische Wissenschaften

Inner Symmetries for Moebius Maps

By

Fritz Schweiger

(Vorgelegt in der Sitzung der math.-nat. Klasse am 11. Dezember 2008
durch das k. M. I. Fritz Schweiger)

Abstract

Differentiable isomorphisms of Moebius systems are considered (SCHWEIGER [2]). A map is called an inner symmetry if it commutes with the map T of the Moebius system and permutes the cells of the time-1-partition. This notion is discussed for Moebius systems with two and three branches. An extension to 2-dimensional cases is outlined.

Mathematics Subject Classification (2000): 11K55, 28D99.
Key words: Ergodic theory, invariant measures.

0. Introduction

Definition. Let B be an interval and $T: B \to B$ be a map. We assume that there is a countable collection of intervals $(J_k), k \in I, \#I \geq 2$ and an associated sequence of matrices

$$\alpha(k) = \begin{pmatrix} a_k & b_k \\ c_k & d_k \end{pmatrix},$$

$a_k d_k - b_k c_k \neq 0$, with the properties:

- $\bigcup_{k \in I} \overline{J_k} = \overline{B}$, $J_m \cap J_n = \emptyset$ if $n \neq m$.
- $Tx = \dfrac{c_k + d_k x}{a_k + b_k x}, \qquad x \in J_k$.
- $T|_{J_k}$ is a bijective map from J_k onto B.

Then we call (B, T) a Moebius system.

This is a special case of a fibred system (SCHWEIGER [1]). Since $T|_{J_k}$ is bijective the inverse map $V_k\colon B \to J_k$ exists. The corresponding matrix will be denoted by $\beta(k)$. We denote furthermore

$$\omega(k;x) := |V_k'(x)| = \frac{|a_k d_k - b_k c_k|}{(d_k - b_k x)^2}.$$

Then a nonnegative measurable function h is the density of an invariant measure iff $h(x) = \sum_{k\in I} h(V_k x)\omega(k;x)$.

Remark. It is easy to see that we can assume $B = [a,b]$, $B = [a,\infty[$ or $B =]-\infty, b]$ but $B = \mathbb{R}$ is excluded (since $\#I \geq 2$).

Definition. The Moebius system (B^*, T^*) is called a *natural dual* of (B,T) if there is a partition $\{I_k^*\}$ such that

$$T^* y = \frac{b_k + d_k y}{a_k + c_k y},$$

i.e., the matrix $\alpha^*(k)$ is the transposed matrix of $\alpha(k)$.

In the paper SCHWEIGER [2] the following definition was given.

Definition. The Moebius system (B^*, T^*) is *differentiably isomorphic* to (B,T) if there is a map $\psi\colon B \to B^*$ such that ψ' exists almost everywhere and the commutativity condition $\psi \circ T = T^* \circ \psi$ holds.

What I had in mind was a more precise definition, namely for all $k \in I$ the commutativity condition

$$\psi \circ \alpha(k) = \alpha(k)^* \circ \psi \tag{1}$$

should hold and this property was used in all what followed in the paper. However, one might ask if it is possible that

$$\psi \circ \alpha(k) = \alpha(\pi k)^* \circ \psi \tag{2}$$

holds for a permutation $\pi\colon I \to I$ of the index set.

1. The Case of Two Branches

It is well known that in the case of two branches, namely $\#I = 2$ the system (B^*, T^*) is always differentiably isomorphic to (B,T) in the sense of Eq. (1). We take $B = [0,1]$ with $c = \frac{1}{2}$ as the midpoint of the partition. We put $I = \{\lambda, \mu\}$ and there are four subtypes $(\varepsilon_1, \varepsilon_2)$ where $\varepsilon_j = 1$ stands for an increasing map and $\varepsilon_j = -1$ for a decreasing map. Now we ask for the possibility of satisfying (2) with exchanging λ and μ

$$\begin{aligned} \varphi \circ \alpha(\lambda) &= \alpha(\mu)^* \circ \varphi, \\ \varphi \circ \alpha(\mu) &= \alpha(\lambda)^* \circ \varphi. \end{aligned} \tag{3}$$

Since $\psi \circ \alpha(k) = \alpha(k)^* \circ \psi$, $k \in \{\lambda, \mu\}$, is always satisfied, we obtain

$$\psi^{-1} \circ \varphi \circ \alpha(\lambda) = \psi^{-1} \circ \alpha(\mu)^* \circ \varphi = \alpha(\mu) \circ \psi^{-1} \circ \varphi.$$

Therefore the system (B, T) allows an *inner symmetry* $\chi = \psi^{-1} \circ \varphi$ such that

$$\chi \circ V(\lambda) = V(\mu) \circ \chi. \tag{4}$$

Conversely, if (B, T) allows such an inner symmetry, we can find a differentiable map φ which satisfies (3), namely $\varphi = \psi \circ \chi$. Therefore it is enough to solve Eq. (4).

Theorem 1. (*a*) *For types* (1, 1) *and* (−1, −1) *there are infinitely many solutions of Eq.* (4).

(*b*) For types (1, −1) *and* (−1, 1) *no solution exists.*

Proof. The only Moebius transformation which permutates the points $\{0, \frac{1}{2}, 1\}$ in an appropriate way is $\chi(t) = 1 - t$.

It is easy to see that the matrices $\alpha(\lambda)$ and $\alpha(\mu)$ depend on one free parameter. The conditions on λ and μ are necessary to avoid attractive fixed points or poles in the domain of definition.

(a) Type $(1, 1)$, $0 < \lambda \leq 1$, $\mu \leq 0$:

$$\alpha(\lambda) = \begin{pmatrix} \lambda & 1-2\lambda \\ 0 & 1 \end{pmatrix}, \quad \alpha(\mu) = \begin{pmatrix} \mu & -1-\mu \\ 1 & -2 \end{pmatrix} \begin{pmatrix} 1 & 0 \\ 1 & -1 \end{pmatrix} \begin{pmatrix} \lambda & 1-2\lambda \\ 0 & 1 \end{pmatrix}$$
$$= \rho \begin{pmatrix} \mu & -1-\mu \\ 1 & -2 \end{pmatrix} \begin{pmatrix} 1 & 0 \\ 1 & -1 \end{pmatrix}.$$

From this we see

$$\lambda = \frac{1}{1-\mu} = -\rho.$$

Note that $0 < \lambda \leq 1$ is consistent with $\mu \leq 0$.

Type $(-1,-1)$, $\lambda<2$, $\mu<2$:

$$\alpha(\lambda)=\begin{pmatrix}1 & -\lambda\\ 1 & -2\end{pmatrix},\qquad \alpha(\mu)=\begin{pmatrix}\mu & 2-2\mu\\ 2 & -2\end{pmatrix}\begin{pmatrix}1 & 0\\ 1 & -1\end{pmatrix}\begin{pmatrix}1 & -\lambda\\ 1 & -2\end{pmatrix}$$
$$=\rho\begin{pmatrix}\mu & 2-2\mu\\ 2 & -2\end{pmatrix}\begin{pmatrix}1 & 0\\ 1 & -1\end{pmatrix}.$$

This gives the conditions

$$\rho=\frac{1}{2-\mu},$$
$$\lambda=\frac{2-2\mu}{2-\mu}.$$

(b) For type $(1,-1)$ the branch $\alpha(\lambda)$ has the fixed point $x=0$ but $x=1$ is not a fixed point for $\alpha(\mu)$. A similar reasoning excludes the type $(-1,1)$.

2. The Case of Three Branches

As in SCHWEIGER [2] we consider the partition $0<\frac{1}{2}<\frac{2}{3}<1$ and three maps depending on parameters λ,μ,ν, say. By continuity reasons the only case of satisfying (2) with a proper permutation is the exchange of λ and ν which leaves μ fixed,

$$\psi\circ\alpha(\lambda)=\alpha(\nu)^{\#}\circ\psi,$$
$$\psi\circ\alpha(\mu)=\alpha(\mu)^{\#}\circ\psi. \tag{5}$$

In a similar way we can also define an inner symmetry χ as a Moebius map such that

$$\chi\circ\alpha(\lambda)=\alpha(\nu)\circ\chi,$$
$$\chi\circ\alpha(\mu)=\alpha(\mu)\circ\chi. \tag{6}$$

We will consider inner symmetries first. We will see that for three branches an inner symmetry in almost all cases leads to a solution of (5).

The only Moebius transformation which exchanges $\{0,\frac{1}{2},\frac{2}{3},1\}$ is

$$\chi(t)=\frac{2-2t}{2-t}.$$

Looking at the cases in which either $x=0$ or $x=1$ is a fixed point we can exclude the types $(1,1,-1)$, $(1,-1,-1)$, $(-1,1,1)$, and $(-1,-1,1)$. For the remaining types we find the following result.

Theorem 2. *All types* $(1,1,1)$, $(1,-1,1)$, $(-1,1,-1)$, $(-1,-1,-1)$ *allow an inner symmetry for an infinite set of parameters* λ *and* ν.

Proof. We first list the six matrices $\alpha(k)$, $k=\lambda,\mu,\nu$, which will be used in our calculations.

$$\varepsilon_1=1,\begin{pmatrix}\lambda & 1-2\lambda\\ 0 & 1\end{pmatrix},$$

$$\varepsilon_1=-1,\begin{pmatrix}-1 & -\lambda+2\\ -1 & 2\end{pmatrix},$$

$$\varepsilon_2=1,\begin{pmatrix}2\mu-1 & 2-3\mu\\ -1 & 2\end{pmatrix},$$

$$\varepsilon_2=-1,\begin{pmatrix}\mu-2 & 3-2\mu\\ -2 & 3\end{pmatrix},$$

$$\varepsilon_3=1,\begin{pmatrix}\nu-2 & -\nu+3\\ -2 & 3\end{pmatrix},$$

$$\varepsilon_3=-1,\begin{pmatrix}2\nu-1 & 1-3\nu\\ -1 & 1\end{pmatrix}.$$

(a) Type $(1,1,1)$, $0<\lambda\le 1$, $0<\mu$, $1\le\nu$. We consider first the equation $\chi\circ\alpha(\mu)=\alpha(\mu)\circ\chi$.

$$\begin{pmatrix}2 & -1\\ 2 & -2\end{pmatrix}\begin{pmatrix}2\mu-1 & 2-3\mu\\ -1 & 2\end{pmatrix}=\begin{pmatrix}2\mu-1 & 2-3\mu\\ -1 & 2\end{pmatrix}\begin{pmatrix}2 & -1\\ 2 & -2\end{pmatrix}.$$

This gives $\mu=\frac{1}{2}$ as the unique solution for the middle branch. The further equations

$$\begin{pmatrix}2 & -1\\ 2 & -2\end{pmatrix}\begin{pmatrix}\lambda & 1-2\lambda\\ 0 & 1\end{pmatrix}=\rho\begin{pmatrix}\nu-2 & -\nu+3\\ -2 & 3\end{pmatrix}\begin{pmatrix}2 & -1\\ 2 & -2\end{pmatrix}$$

give the relation $\lambda\nu=1$ which is compatible with the results in SCHWEIGER [2].

(b) Type $(-1,1,-1)$, $0<\lambda$, $0<\mu$, $0<\nu$. In a similar way we find from

$$\begin{pmatrix}2 & -1\\ 2 & -2\end{pmatrix}\begin{pmatrix}-1 & -\lambda+2\\ -1 & 2\end{pmatrix}=\rho\begin{pmatrix}2\nu-1 & 1-3\nu\\ -1 & 1\end{pmatrix}\begin{pmatrix}2 & -1\\ 2 & -2\end{pmatrix}$$

the relation $4\lambda\nu=1$.

(c) Type $(1,-1,1)$, $0<\lambda\leq 1$, $0<\mu$, $1\leq\nu$. We need only consider the equation $\chi\circ\alpha(\mu)=\alpha(\mu)\circ\chi$,

$$\begin{pmatrix} 2 & -1 \\ 2 & -2 \end{pmatrix}\begin{pmatrix} \mu-2 & 3-2\mu \\ -2 & 3 \end{pmatrix}=\begin{pmatrix} \mu-2 & 3-2\mu \\ -2 & 3 \end{pmatrix}\begin{pmatrix} 2 & -1 \\ 2 & -2 \end{pmatrix}.$$

This gives the unique value $\mu=1$. As before the other equations show $\lambda\nu=1$.

(d) Type $(-1,-1,-1), 0<\lambda, 0<\mu, 0<\nu$. This gives the conditions $\mu=1$ and $4\lambda\nu=1$.

Remark. The invariant density $h=h(x)$ satisfies the equation $h(x)=h(\chi(x))|\chi'(x)|$. If ξ_λ, ξ_μ, ξ_ν are the fixed points of T then clearly we find $\chi(\xi_\lambda)=\xi_\nu$, $\chi(\xi_\mu)=\xi_\mu$, and $\chi(\xi_\nu)=\xi_\lambda$.

Theorem 3. (a) *For type* $(1,1,1)$ *there is no solution of Eq.* (2).

(b) *For types* $(1,-1,1),(-1,1,-1),(-1,-1,-1)$ *there are infinitely many solutions.*

Proof. Type $(1,1,1)$: For the existence of an inner symmetry we found the relation $\lambda\nu=1$ and $\mu=\frac{1}{2}$. A differentiably isomorphic dual (Eq. (1)) exists if the condition

$$2\lambda\mu+2\nu=\lambda\nu+\lambda$$

is satisfied. This leads to $2\nu=1$ which is not allowed.

Type $(1,-1,1)$: Here we found $\lambda\nu=1$ and $\mu=1$. A differentially isomorphic dual exists if the condition

$$\lambda\nu=\mu$$

holds. Therefore any inner symmetry leads to a solution of (5) but not vice versa.

Type $(-1,1,-1)$: Here we had $\mu=\frac{1}{2}$ and $4\lambda\nu=1$. The condition for an isomorphic dual is given as

$$2\lambda\mu+\mu=2\lambda\nu+\lambda$$

which is satisfied.

Type $(-1,-1,-1)$: In this case $\mu=1$ and $4\lambda\nu=1$. The condition

$$4\lambda\nu+\lambda+\nu=\mu\nu+\lambda\mu+\mu$$

is also satisfied.

3. Outlook: 2-Dimensional Generalizations

These ideas can be extended to higher dimensions. We will consider three 2-dimensional algorithms. The kernel

$$K(x_1, x_2, y_1, y_2) = \frac{1}{(1 + x_1 y_1 + x_2 y_2)^3}$$

leads to a dual system with transposed matrices.

Brun Algorithm. We consider the map on $B = \{(x_1, x_2): 0 \leq x_2 \leq x_1 \leq 1\}$

$$T(x_1, x_2) = \begin{cases} \left(\dfrac{x_1}{1 - x_1}, \dfrac{x_2}{1 - x_1}\right), & x_1 \leq \frac{1}{2}, \\ \left(\dfrac{1 - x_1}{x_1}, \dfrac{x_2}{x_1}\right), & x_1 + x_2 \leq 1, \\ \left(\dfrac{x_2}{x_1}, \dfrac{1 - x_1}{x_1}\right), & 1 \leq x_1 + x_2. \end{cases}$$

Then the dual algorithm T^* exists on the set $B^* = \{(y_1, y_2): 0 \leq y_1, 0 \leq y_2 \leq 1\}$. The map

$$\psi(s, t) = \left(\frac{1 - s}{s}, \frac{t}{s}\right)$$

gives a differentiable isomorphism. Since the point $x = (0, 0)$ is the only fixed point on the boundary it is seen quite easily that no inner symmetry can be found.

Selmer Algorithm. Here we consider the set $D = \{(x_1, x_2): 1 \leq x_1 + x_2, 0 \leq x_2 \leq x_1 \leq 1\}$ and the map

$$T(x_1, x_2) = \begin{cases} \left(\dfrac{1 - x_2}{x_1}, \dfrac{x_2}{x_1}\right), & x_2 \leq \frac{1}{2}, \\ \left(\dfrac{x_2}{x_1}, \dfrac{1 - x_2}{x_1}\right), & \frac{1}{2} \leq x_2. \end{cases}$$

The dual exists on the set $D^* = \{(y_1, y_2): 0 \leq y_1, 0 \leq y_2\}$ and the map

$$\psi(s, t) = \left(\frac{-1 + s + t}{1 - s}, \frac{s - t}{1 - s}\right)$$

is a differentiable isomorphism. Again, since $x = (1, 0)$ is the only fixed point on the boundary an inner symmetry is not allowed.

Parry-Daniels Map. We use the projected version on the triangle $\Delta = \{(x_0, x_1)\colon\ 0 \le x_0,\ 0 \le x_1,\ x_0 + x_1 \le 1\}$. The partition is labelled by permutations on the indices $0, 1, 2$ and the map is given piecewise as follows,

$$
\begin{aligned}
T_\varepsilon(x_0, x_1) &= \left(\frac{x_0}{1 - x_0 - x_1}, \frac{-x_0 + x_1}{1 - x_0 - x_1}\right),\\
T_{(01)}(x_0, x_1) &= \left(\frac{x_1}{1 - x_0 - x_1}, \frac{x_0 - x_1}{1 - x_0 - x_1}\right),\\
T_{(12)}(x_0, x_1) &= \left(\frac{x_0}{x_1}, \frac{1 - 2x_0 - x_1}{x_1}\right),\\
T_{(021)}(x_0, x_1) &= \left(\frac{1 - x_0 - x_1}{x_1}, \frac{-1 + 2x_0 + x_1}{x_1}\right),\\
T_{(02)}(x_0, x_1) &= \left(\frac{1 - x_0 - x_1}{x_0}, \frac{-1 + 2x_0 + x_1}{x_0}\right),\\
T_{(012)}(x_0, x_1) &= \left(\frac{x_1}{x_0}, \frac{1 - x_0 - 2x_1}{x_0}\right).
\end{aligned}
$$

There also exists a natural dual on the set

$$\Delta^* = \{(y_1, y_2)\colon 0 \le y_2 \le y_1\},$$

but the systems (Δ, T) and (Δ^*, T^*) are not differentiably isomorphic in the sense of Eq. (1). To say it more precisely, no fractional linear map ψ with this property exists.

However, (Δ^*, T^*) is an exceptional dual as defined in SCHWEIGER [2]. The map

$$\psi(s, t) = \left(\frac{1}{s + t}, \frac{t}{s + t}\right)$$

has the property

$$\alpha(k) \circ \psi = \psi \circ \alpha^*(k)$$

for all $k = \varepsilon, (02), (012), (021)$ but

$$
\begin{aligned}
\alpha(01) \circ \psi &= \psi \circ \alpha^*(12),\\
\alpha(12) \circ \psi &= \psi \circ \alpha^*(01).
\end{aligned}
$$

This is reasonable since a closer inspection shows that the two maps $\alpha^*(\varepsilon)$ and $\alpha^*(12)$ lead to the same type of exceptional set as $\alpha(\varepsilon)$ and $\alpha(01)$ do for the map T.

References

[1] SCHWEIGER, F. (2000) Multidimensional Continued Fractions. Oxford University Press, Oxford

[2] SCHWEIGER, F. (2006) Differentiable equivalence of fractional linear maps. IMS Lecture Notes–Monograph Series Dynamics & Stochastics **48**: 237–247

Author's address: Prof. Dr. Fritz Schweiger, Department of Mathematics, University of Salzburg, Hellbrunner Straße 34, 5020 Salzburg, Austria. E-Mail: fritz.schweiger@sbg.ac.at.